给孩子的自然博物课

一学就会的
视觉笔记

[美]李可莱 李 然 林希颖 著

北京联合出版公司
Beijing United Publishing Co.,Ltd.

快跟紧，别掉队！

推荐序 1

很幸运能创办自然圈这个神奇的公司，这里从不缺乏有趣的对自然充满好奇心的小伙伴，李可莱就是其中最为独特的一个。

她喜欢穿一双牛皮拖鞋，参加肯尼亚、斯里兰卡、婆罗洲等世界各地的自然探索活动，我严重怀疑如果不是因为南极要求穿特定的靴子才能登陆，她也会踩着拖鞋登陆。李可莱无疑拥有与众不同的天赋，这体现在她纯粹的追求上，那就是对自然的观察和热爱，还有喜欢艺术。野外工作的艰辛、做到半夜的设计工作、外人的评价，还有臭脾气的老板，从来都不是问题，仿佛记录和分享自然故事就是她心中的全部，她的追求是那样地纯粹。由她本人来带大家开展自然观察，完成视觉笔记，实在是再合适不过了，所以才有了这本书。

《给孩子的自然博物课：一学就会的视觉笔记》能诞生，还要感谢李然，她推动课程立项，并尽全力将视频课程高质量地完成。作为自然圈的第一位员工，她的创意和执着激励着小伙伴们把想象变成了现实，让孩子们能从自然观察和笔记中获得更多快乐、认知和成长，这也是自然圈的使命所在。

让人开心的是，这本书中还展现了 20 多位小朋友的笔记作品。拥有好奇心和想象力，喜欢观察和记录自然的孩子是幸福的，自然的美、知识、健康、更多的关联和更大的格局，将会让他们的人生具有更多的可能性。

赵超

2022 年 1 月

推荐序 2

　　"自然调查员"，看到书中主人公这个秘密身份时，我不禁莞尔，如果世界上真有这样的职业该多好，那一定是份特别幸福的工作。

　　人本来就是自然的产物，在演化过程中，人类绝大多数时间都是生活在大自然里的。但是随着技术的发展，人离自然越来越远，特别是生活在城里的人，从小就身处钢筋水泥的人工环境中，电子屏幕中源源不断地涌现的信息，总是不断吸引着我们的注意力，大自然仿佛成了颜色浅淡的背景，人们常常会忘记它的存在。

　　可是，人们真的适应如此"现代化"的生活吗？人类文明进入工业时代只有短短 100 多年，而人类演化却是以万年甚至百万年计的，人们的身体和心灵都更加习惯于面对大自然的风吹雨打。越来越多的人发现，远离自然的生活，会给人造成很多负面影响，比如焦虑、精神涣散等，不一而足；而培养与自然相关的爱好——不管是观鸟、挖化石，还是钓鱼、种花，都能带来宁静与愉悦的感觉。这也是我们致力开展自然教育工作的重要原因，我们相信，带领大家，特别是小朋友们到自然中去学习自然知识，体验自然的丰富多彩，能让他们身心受益。

　　在进行自然教育实践中，不少家长说，他们愿意带孩子多接触大自然，但是由于自身知识有限，除了让孩子跑跑跳跳，并不能

做太多的引导。对于忙碌的普通家长，让他们从头学习生物、地理、天文等知识的确不现实，所以我们一直在探索，力图寻找一种方法，让孩子和家长可以简单、容易地进入自然领域，体会了解自然知识、探索自然科学原理的乐趣。

我们发现，制作"自然观察笔记"是一种很好的入门方式。"自然观察笔记"题材宽泛、形式多样，就算是不太会写字的学龄前小朋友，也可以用画图的方式参与。制作自然笔记，要观察自然，并且要思考动物、植物、自然现象三者背后的关联。制作笔记的过程，也可以培养科学思维方式。

李可莱创作的这本《给孩子的自然博物课：一学就会的视觉笔记》，就是一本教孩子制作自然笔记的教材。在我的印象中，作者李可莱是一位个子高高的姑娘，平时话不多，但带孩子上植物课、自然艺术课时，总是热情洋溢，深受孩子喜爱。书中那个脑袋圆圆、四肢纤细的可爱形象，就是李可莱老师的画像。

这本书是李可莱与她的同事们经过大量教学实践总结出的精华，书中用了 10 个有趣的故事，讲解了制作透视图、关系图、因果图等多种记录方法。这些图表绘制法背后，有着严谨的逻辑，是观察、思考、总结等多项能力的综合体现。对于孩子来说，这些能为今后在学校的学习打下良好的基础，而书中的故事本身也是一段段新奇有趣的自然探索旅程。

2021 年 5 月于北京蔚秀园

来做视觉笔记吧！ ·············· 8

1 神秘海岛调查笔记 ·············· 12

2 神秘的卵调查笔记 ·············· 36

3 北极冰海调查笔记 ·············· 56

4 企鹅调查笔记 ·············· 84

5 海岛生物调查笔记 ·············· 104

6 地球动物博物馆调查笔记 ·············· 128

7 法布尔《昆虫记》调查笔记 ·············· 152

8 恐龙大灭绝调查笔记 ·············· 174

9 微缩世界调查笔记 ·············· 194

10 幻想生物调查笔记 ·············· 218

后记 ·············· 239

来做视觉笔记吧！

大家好，我是李可莱，你们可以叫我可莱老师。

我有一个秘密身份——自然调查员。我经常会接到一些任务，去调查远方或者身边的自然现象。

每次调查时，我都会把调查结果记录在这个神奇的笔记本上。

我的笔记和你上课时记的笔记可不一样！比起文字，我的笔记本上有更多的图画。这些图画不是用来装饰的，它们本身就是笔记里最重要的部分。

为什么要用图画呢？有时候，图画能让我们更快地理解、更牢固地记住一个概念。举个例子吧，读下面这段文字，你能想象金字塔的内部是什么样的结构吗？

金字塔的入口在一侧，入口有一条向下的通道可以通往地下室，如果改道向上，则会来到大走廊，穿过大走廊可以到达法老和王后的墓室。金字塔里还有空气通道，保证内部正常通气。

文字

如果换成图画，是不是一下子就看懂了？

图像

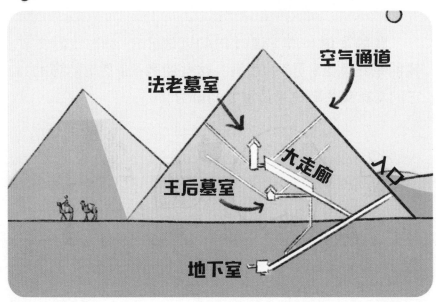

在阅读文字时，我们时常会不自觉地读出声，就算没有读出声，大脑里可能也有个声音一直在"读"，这样的阅读依靠的其实是听觉。

听觉　　　　　　　**视觉**

而在看图画时，我们除了靠听觉"读"图上的字，还通过视觉获得了额外的信息。有些人管这种有图画又有文字的笔记叫作"视觉笔记"，我觉得挺不错。

你可能会想，我也想做这样的视觉笔记，可我画得没有可莱老师这么好，怎么办呢？

其实，做视觉笔记是有一些小窍门的，我把它归纳成了几个"笔记技能"。学会了这些笔记技能，就算不会画画，你也能轻松做好视觉笔记。

现在，我邀请你和我一起踏上自然调查的旅程，来画满这个笔记本，你准备好了吗？

1 神秘海岛调查笔记

我接到的第一个调查任务，是去加拉帕戈斯寻找一座神秘的岛屿。什么是"加拉帕戈斯"呢？它是南美洲的一片群岛，由好多大大小小的岛屿组成。

　　我的目标是在群岛中找到一座神秘海岛，调查这座海岛的自然和地理，并把它记录在我的笔记本上。

哇！看起来有好多岛屿呀！我要找的那一座会在哪里呢？

于是，我坐上了轮船，开始在茫茫的大海里寻找那座与世隔绝的神秘岛屿。

经过几天漫长的航海旅程，海平面上终于出现了一个小黑点。我拿出望远镜一看，是一座小岛!

太棒了，我找到了!

接下来，我想登上海岛去探索。可这里没有码头，轮船开不到岸边，我要怎么上岛呢？

有办法了！我坐上橡皮艇，驶向海滩。终于，我登上了这座神秘小岛！

海滩上有很多礁石，我小心地走在礁石上。忽然，岸边一块块黑色的石头引起了我的注意。

这些黑石头看起来似乎很重，可拿起来却轻得超乎想象。石头上居然还有很多像海绵一样的孔洞。

玄武岩

原来，这种布满孔洞的黑色石头就叫作"玄武岩"。玄武岩是火山喷发出的岩浆在冷却后形成的岩石。喷出地表的岩浆在流动的过程中会产生大量的气泡，冷却后就成了岩石中的孔洞。

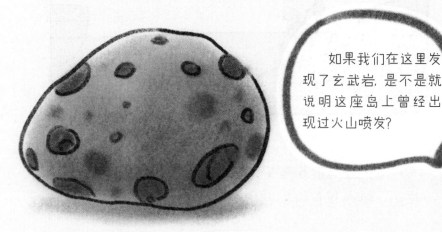

如果我们在这里发现了玄武岩，是不是就说明这座岛上曾经出现过火山喷发？

制作笔记的时间到了！我在海滩的位置上画了几块黑色的玄武岩。为了展现里面多孔的结构，我在旁边增加了一张放大图，在里面画出了岩石中的孔洞。

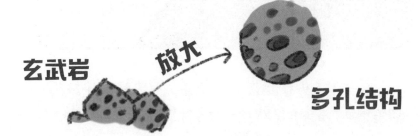

玄武岩　放大　多孔结构

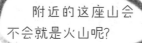

附近的这座山会不会就是火山呢?

怎么知道一座山是不是火山呢?

火山有一个特点，就是火山喷发后会形成火山口。如果我能登上山顶确认一下有没有火山口，就能知道它是不是火山了。

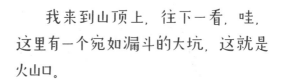

我来到山顶上，往下一看，哇，这里有一个宛如漏斗的大坑，这就是火山口。

我环顾四周，发现这是岛上唯一一座山。原来，并不是岛上有一座火山，而是这座岛本身就是一座火山。

技法: 透视眼

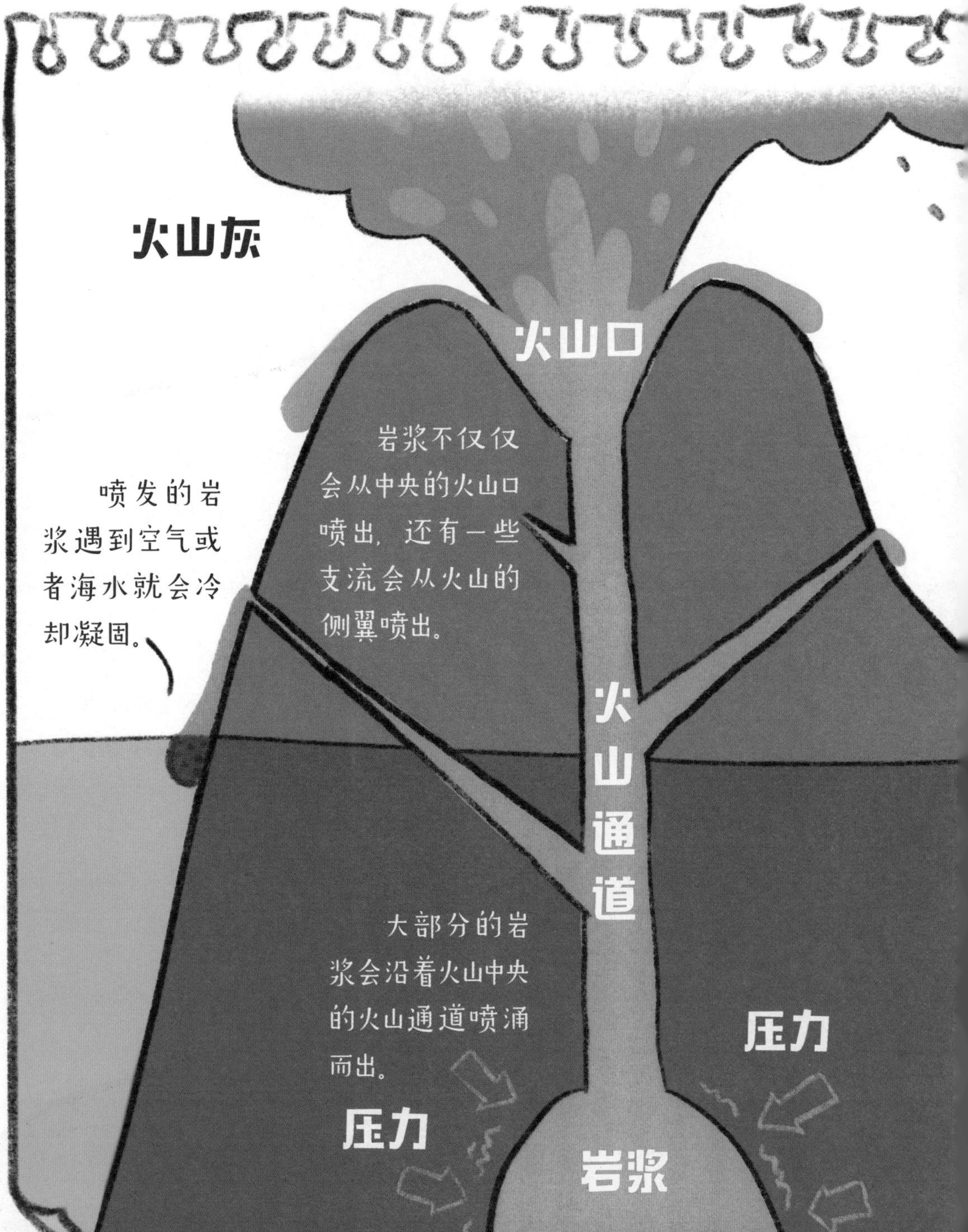

火山灰

火山口

喷发的岩浆遇到空气或者海水就会冷却凝固。

岩浆不仅仅会从中央的火山口喷出，还有一些支流会从火山的侧翼喷出。

火山通道

大部分的岩浆会沿着火山中央的火山通道喷涌而出。

压力

压力

岩浆

不仅仅是外面的轮廓，我还要把火山内部的结构也画下来。我们不妨用一用透视眼，来看看火山里面长什么样子吧。

伴随着滚滚浓烟和大量的火山灰，滚烫的岩浆从火山口溢出来，顺着山坡向下流淌。所到之处，所有的生物都会被点燃。

在火山口的正下方，即地底深处，灸热的岩浆蓄势待发。这些岩浆有着巨大的压力，当压力突破岩层忍耐的极限时，火山就喷发了。

喷发的岩浆遇到空气或者海水就会凝固，变成玄武岩，也就是我在海滩发现的那些黑色石头。随着岩石越积越多，火山就越堆越高。

因为四周都是海，这座火山一定是在海面以下的时候就开始喷发，随着一次次喷发，火山越来越高，最终超过了海面，这座岛就诞生了。

这时，我忽然收到船上的工作人员发来的消息。他们说在海里发现了一种奇怪的黑白鱼，让我去调查一下。正好火山口的探索结束了，于是我便下山往海边走去。

我想看看岛上有什么植物，可是地表都是凝固的岩浆，几乎没有什么植物能在如此严酷的环境下生长。

但这时，我忽然看到了一些奇怪的植物，竟然是一丛一丛的仙人掌。它们在这样贫瘠的石缝里也能够扎根，真是一种顽强的植物。

熔岩仙人掌

熔岩仙人掌是加拉帕戈斯群岛特有的植物。它们生命力十分顽强，能够在贫瘠的熔岩地区生长，常常是新环境的先锋植物。熔岩仙人掌肉质的茎干能够储存大量的水分，在干旱情况下为植物提供生长需要的水分。

军舰鸟

我很好奇, 它们能够在光秃秃的海滩上找到食物吗?

海鬣蜥

在海边的岩石上, 还趴着一群蜥蜴。它们叫作海鬣蜥, 正在懒洋洋地晒太阳。

海鬣蜥

没想到, 当我来到水下, 居然再一次碰到了海鬣蜥。它们在水下干什么呢?

我回到船上，换上了潜水装备，开始了水下探索。

这里的岛上和水里的物种都很丰富，看来这座大海中的火山成了野生动物们的家园。

船

"黑白鱼"出现了！仔细一看，这才不是什么鱼，分明是只企鹅嘛。

企鹅

海狮

鲨鱼

水下有成群的小鱼

几只海狮路过，它们好奇地看了看我，然后就游走了。

鲸鲨

海鬣蜥

  据说海鬣（liè）蜥是怪兽哥斯拉的原型。海鬣蜥在陆地上显得有些笨拙，但在水中却十分灵活，粗壮的尾巴能够在游泳时为它提供充足的动力。

  海鬣蜥以水底的藻类为食，所以我们会在水下看到大口大口吃着海藻的它们。饱腹后的海鬣蜥常常会趴在海滨晒太阳，这是为了吸收太阳光的热量。

加岛企鹅

可不要以为企鹅只生活在南极圈哦，加岛企鹅就是一类生活在赤道地区的企鹅。加岛企鹅也和其他企鹅一样，会在冰冷的海水中寻找食物。

企鹅不会飞，它的翅膀演化成鳍（qí）的结构，非常适合在水里快速游泳，就像鱼一样。因此，企鹅要是到了陆地上就会变得十分笨拙，甚至一不小心就会摔跤呢！

现在我已经完成了对加拉帕戈斯的调查：这里起初是一座海底火山，随着火山不断喷发，岩浆越堆越高，最终露出海面形成了海岛，小岛形成之后便成了很多生物的家园。

让我来制作一份视觉笔记吧。

笔记完成

海岛形成

海底火山

熔岩仙人掌

火山口

火山通道

压力

压力

岩浆

把所有的调查记录整理在一张纸上，就是我的视觉笔记了。
我还为它添加了一个明显的标题。

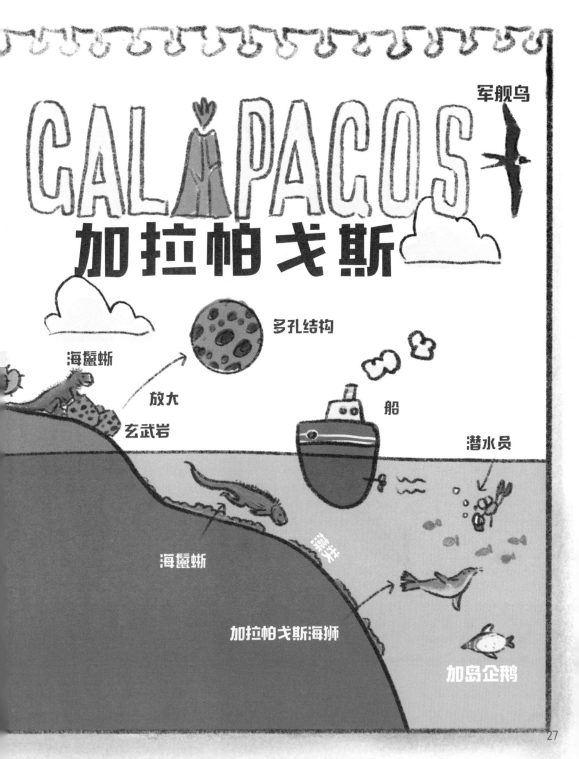

军舰鸟

GALÁPAGOS
加拉帕戈斯

多孔结构

海鬣蜥

放大

玄武岩

船

潜水员

海鬣蜥

加拉帕戈斯海狮

加岛企鹅

透视眼还能做什么？

在这次调查中,我使用了透视眼来展现火山的内部结构。并不是我真的长了一双能透视的眼睛,而是我用一些办法了解了物体的内部结构。

第一个办法是直接观察,比如苹果,我们可以一刀把它切成两半,直接看到里面的样子,然后照着它画下来。

但是我们没有办法把巨大的火山切开来看，这时我就用了第二个办法——阅读相关的书籍或者上网查找资料。

比如，我想要画出埃及金字塔的内部结构，我可以上网搜索金字塔的照片和结构图，然后对照着把它画出来。

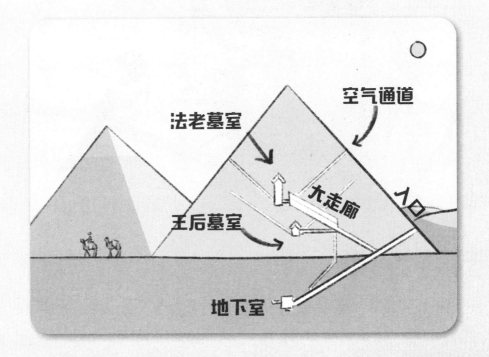

金字塔的结构

金字塔是古埃及法老（国王）的陵墓，由上百万块的巨石垒成，是古代文明的一大奇迹。金字塔的内部结构十分复杂，从一个入口进入，可以通往地下室，也可以沿着大走廊走到王后墓室和法老墓室。聪明的古埃及人甚至还修建了空气通道，用于金字塔内部通风。

又比如，我想画出喜鹊巢的内部结构，但是又不好直接观察树上的巢，我就可以读一本关于鸟巢的书。

树枝

雏鸟

泥土

喜鹊

喜鹊的巢

每到冬天，喜鹊便开始衔枝营巢。乍一看，喜鹊的巢非常简陋，就是一堆树枝搭建的，再涂上泥土，铺上干草。但实际上，它坚固耐用，能够承受风吹雨打。城市里的喜鹊有时还会用一些特别的建筑材料筑巢，比如烟蒂、衣架等。这么看来，喜鹊还真是奇特的建筑师。

调查过程中，我学到了很多有趣的知识，我会选择重要的部分，把它标注在结构图旁边，方便之后自己回顾，或者给别人展示。

你可以尝试用透视眼来给你身边的东西做笔记。

调查员技能测试

在正式调查之前，先完成下面的测试，证明你已经掌握了透视眼技能。

1. 橙子的调查笔记

自然调查员想要调查橙子的内部结构，那么运用透视眼技能，你能帮他想到多少种切开它的方式呢？

请用至少**两种方式**切开橙子（可以请爸爸妈妈帮忙），在下面的圆圈中画出橙子的内部结构。

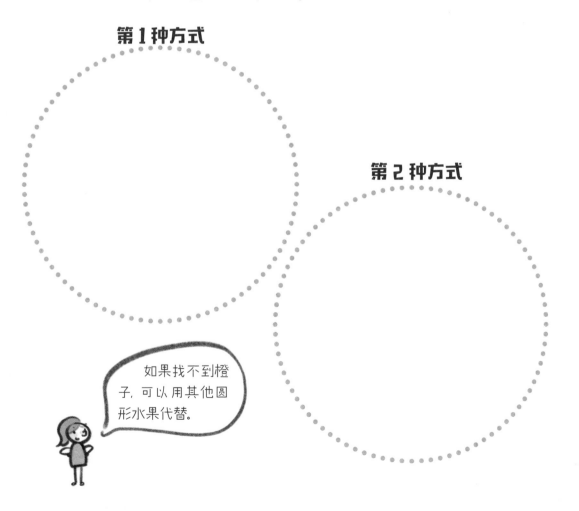

第1种方式

第2种方式

如果找不到橙子，可以用其他圆形水果代替。

2. 房间的调查笔记

自然调查员想要调查一个房间的内部结构，想想你会去哪些房间，是你的卧室、客厅还是教室？调查一个你熟悉的房间，用透视眼技能把它的内部结构画出来。

我的 _____

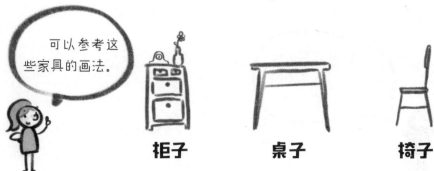

可以参考这些家具的画法。

柜子   **桌子**   **椅子**

正式开始调查

不会写的字可以请爸爸妈妈帮忙。

你可以在下面的空白区域完成你的调查笔记，如果空白不够大，也可以画在另外一张纸上。

调查对象：＿＿＿＿＿＿＿＿＿＿＿＿＿＿＿＿

调查员姓名：＿＿＿＿＿＿ 调查日期：＿＿＿＿＿＿

来看看各位自然调查员的作品吧。

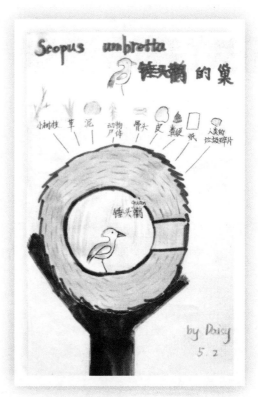

《锤头鹳的巢》 陈思羽 12岁

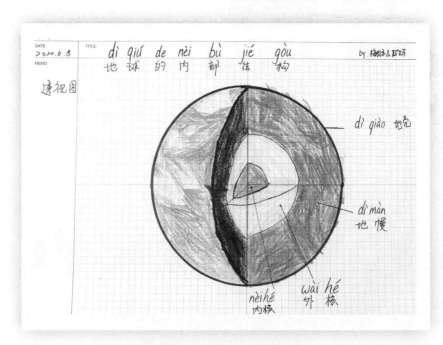

《透视图：地球的内部结构》 梅长洛 5岁半

《蚂蚁的家》 尚民主 5 岁

《神秘火山岛》 吴彦彤 7 岁

2 神秘的卵 调查笔记

今天我收到了一份神秘的礼物，据说里面装了一颗珍贵的卵。

快让我打开看看，说不定能做个煎蛋呢。

怎么回事？
盒子里都是土，卵呢？

我找了半天，终于在土里找到了卵。可这卵还没有手指尖大，煎蛋是做不成了，那么问题来了，这是什么动物的卵呢？

礼物盒子里的说明写着:

请注意！盒子里装的不是泥土，而是发酵的木屑。

请把这颗卵放在发酵的木屑里，一段时间后谜底将会自动揭晓。

让我来试试看，这卵究竟能孵化出什么来。

为了不错过答案，我计划每隔5天就检查一次，记录卵的变化。我做了一张观察记录表，每次观察时写下日期并给卵画一张画。

观察记录表

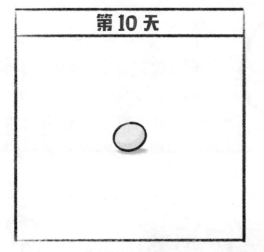

第5天

第5天，卵没有什么变化，还是原来的样子。

第10天

第10天，卵还是没有丝毫变化。

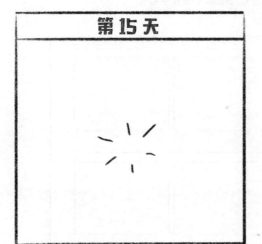

第15天

第15天，咦？卵不见了？

虽然卵不见了，但是我发现盒子里多了一只绿豆大小的幼虫。
原来是卵孵化了！

这是什么动物呢？它长得白胖胖，
前面有三对足，头是褐色的，能够弯成虾
仁的样子。这是某种昆虫的宝宝吧。

通过查阅资料我发现，原来它叫蛴
螬（qí cáo），是金龟子的幼虫。

金龟子

虫宝宝开心地吃着木屑，应该很快
就会长大吧。

它会长成什么
样呢？我迫不及待
地想知道。

39

第50天

第 50 天，幼虫大约有葡萄那么大。

第100天

第 100 天，幼虫的体形更大了，足足有荔枝那么大。

第200天

第 200 天，我捧起虫宝宝，它占满了我的整个手掌心。

要不是一直在观察记录，我真不敢相信它是由绿豆大小的卵变来的。

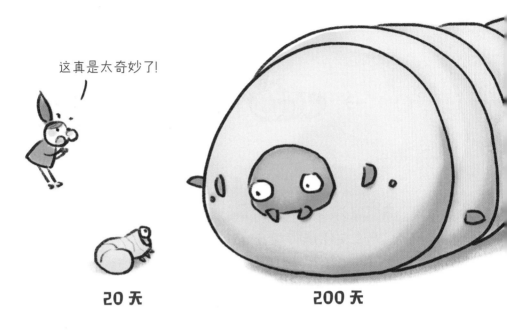

这真是太奇妙了！

20 天　　　　　　　　**200 天**

第 300 天，咦，幼虫怎么不见了？难道是逃跑了吗？我找来找去，怎么也找不到幼虫，反倒在土里发现了一个鸡蛋形状的土球，幼虫会不会藏在这里呢？

我小心地在土球上钻了个小洞，观察里面。果然，幼虫在里面安心地躺着呢，我想它是要准备化蛹了。

金龟子是一类完全变态昆虫。什么是完全变态呢？就是说它像蝴蝶一样，一生要经历卵、幼虫、蛹、成虫 4 个阶段。

蝴蝶的生活史

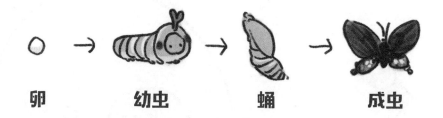

卵　　　　　幼虫　　　　　蛹　　　　　成虫

在变成漂亮的成虫之前，虫宝宝给自己造了个小房子，叫作蛹室，用来在化蛹时保护自己。

蛹室

蛹

第 320 天，透过小孔我看到金龟子已经蜕去了幼虫的皮，变成了蛹。

接下来它要不吃不喝，全靠自己在幼虫时积累的能量，迈出人生中最重要的一步。

第 320 天

第 320 天，蛹静悄悄的。

第 340 天

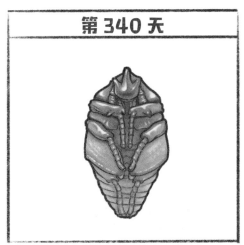

第 340 天，蛹还是没有变化。

第 360 天

第 360 天，蛹不见了，取而代之的是一只漂亮的金龟子成虫。

这时候的金龟子还不能四处走动，因为它刚刚从蛹里出来，身体还没有完全长好，需要一段时间不吃不喝，一动不动，等待身体最终发育成熟。

慢……慢……

这种金龟子叫作乌干达花金龟，来自非洲。每一只乌干达花金龟的纹饰都是独一无二的，有红色、绿色、蓝色……如同一幅行走的水彩画。

天哪！它们实在太漂亮了，就像宝石一样。

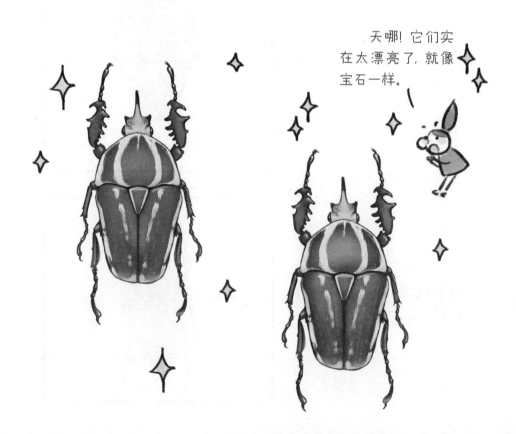

第 390 天，乌干达花金龟已经可以自由地活动啦！漫长的蛰伏期结束了，现在的它非常活跃，甚至还可以张开翅膀飞翔。

会飞了！

左边这只头上没有角的，是雌性的乌干达花金龟。如果是右边这样头上长角的，那就是雄性哦。

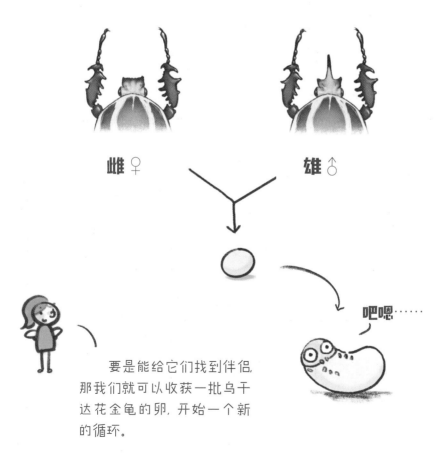

雌♀　　　　　　　　**雄♂**

吧嗯……

要是能给它们找到伴侣，那我们就可以收获一批乌干达花金龟的卵，开始一个新的循环。

通过整整一年多的观察,我记录了乌干达花金龟的一生——卵、幼虫、蛹、成虫四个时期。

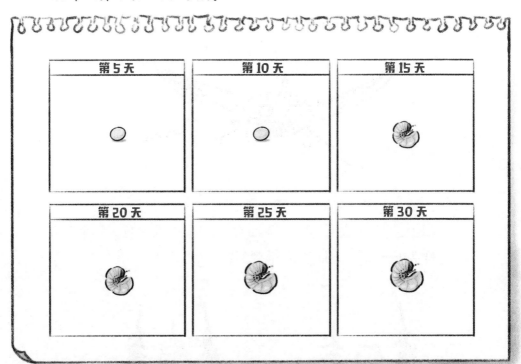

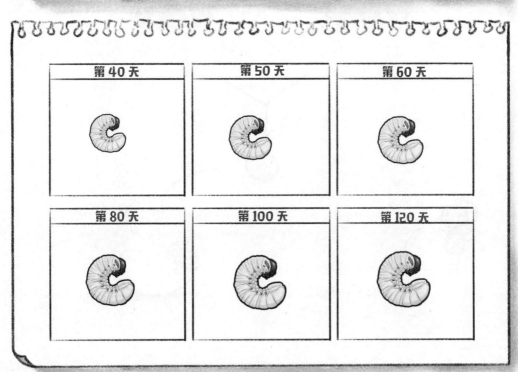

乌干达花金龟的一生，刚好是一个从卵、幼虫、蛹到成虫再到卵的循环，那我是不是可以用一个圆圈来代表它的一生呢？

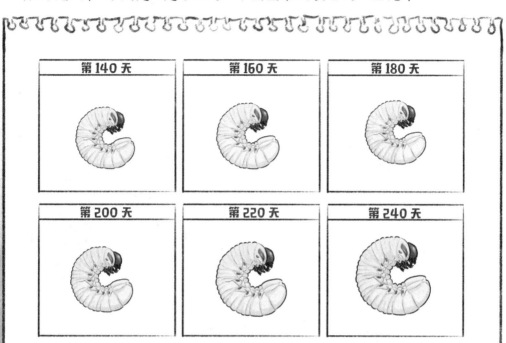

第140天

第160天

第180天

第200天

第220天

第240天

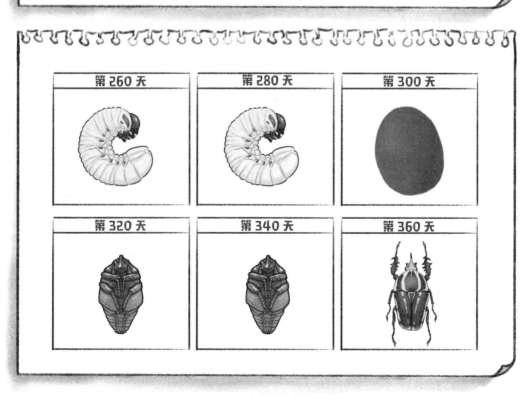

第260天

第280天

第300天

第320天

第340天

第360天

笔记完成

乌干达花金龟的一生

成虫（雄）

成虫（雌）

成虫产生下一代的卵

成虫（蛰伏）

第 360 天，蛹羽化为成虫，但还需要蛰伏 20 天

蛹

第 320 天，蛹室里的幼虫变成了蛹

现在我的笔记完成了，乌干达花金龟的一生构成了一个大圆圈。我们把这样的图叫作"环形图"。

卵

绿豆大小

幼虫

第 50 天，葡萄大小

幼虫

第 100 天，荔枝大小

幼虫

第 200 天，手掌大小

蛹室

第 300 天，幼虫制作的蛹室

流程图还能做什么？

我们身边的事物往往都遵循一定的发展规律，比如种在土里的种子，它会经历"种子 — 发芽 — 开花 — 结果"的过程。

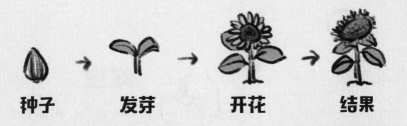

种子　　　　　发芽　　　　　开花　　　　　结果

流程图的画法：先画出第一个事件，之后画一个箭头，再画第二个事件，如此依次添加，直到事件结束。我们看这样的图，就像在看一个故事。

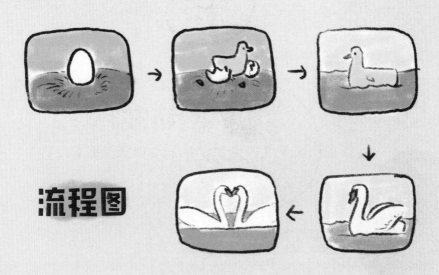

流程图

你还会注意到，像我们观察的乌干达花金龟那样，自然界中的事物往往有着周而复始的变化规律，比如天上的月亮，会经历"新月—上弦月—满月—下弦月 —新月"的过程。

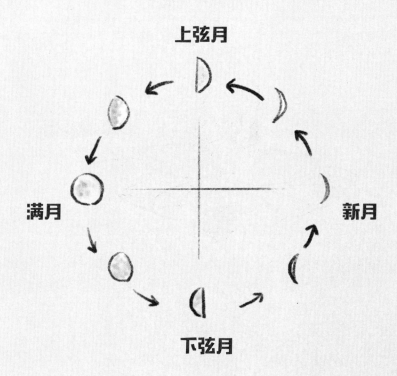

你还能想到什么东西可以用流程图来画吗？快来试试吧。

乌干达花金龟

在这一章里，我们观察并记录了乌干达花金龟的一生。

乌干达花金龟是一种容易饲养的大型鞘翅目昆虫。鞘翅目的昆虫，全身都有硬壳，前翅角质化，因此常被我们统称为"甲虫"。

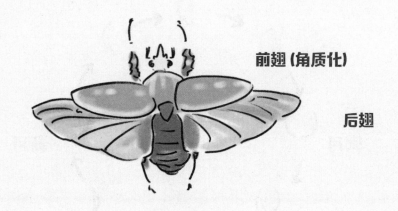

前翅 (角质化)

后翅

乌干达花金龟的身上还有漂亮的纹饰。每一只乌干达花金龟的纹饰都不一样，而且只有在破蛹的那一刻，我们才能知道它的颜色和花纹。

就好像在开一个盲盒呀！

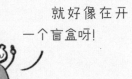

七星瓢虫

萤火虫

独角仙

除了乌干达花金龟，甲虫家族里还有形形色色的成员，你还认识哪些呢？

调查员技能测试

在正式调查之前，先完成下面的测试，证明你已经掌握了流程图技能。

一棵树的调查笔记

自然调查员想调查一棵银杏树在一年四季中是如何变化的。调查员发现：春天，银杏树长出了小小的绿色叶子；夏天，小小的绿色叶子变大了；秋天，叶子从绿色变成了黄色；冬天，叶子全掉光了。

请你帮调查员完成调查笔记，在下面的树干上画上叶子，并且用合适的箭头连接起来。

正式开始调查

不会写的字可以请爸爸妈妈帮忙。

你可以在下面的空白区域完成你的调查笔记，如果空白不够大，也可以画在另外一张纸上。

调查对象: _____

调查员姓名: _____ 调查日期: _____

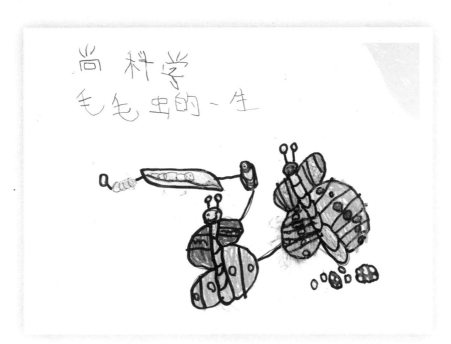

《毛毛虫的一生》 尚科学 5岁

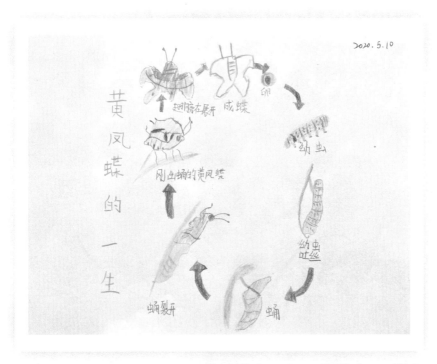

《黄凤蝶的一生》 瞿若垚 9岁半

3 北极冰海 调查笔记

这一次，我接到的任务是给北极冰海的生物们画一张食物网。

什么是食物网呀？

食物网 FOOD WEB

食物网，是指一个地区的生物中，谁能吃掉谁这样的关系，比如鼠兔吃植物，而鼠兔既被藏狐吃也被兔狲吃。

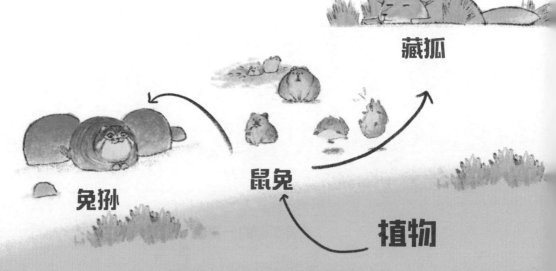

藏狐

兔狲

鼠兔

植物

青藏高原生态系统的食物网

但实际上，食物网可没这么简单。吃鼠兔的不只是藏狐，还有兔狲；吃植物的不只是鼠兔，还有岩羊；岩羊又会被雪豹吃掉。这真是一张复杂的关系网！

为了画北极的食物网，我需要做什么呢？

1. 我需要知道北极有哪些生物。

2. 它们究竟是谁吃掉谁。

快让我们开始北极探险吧！

黄喉貂

太阳

小麂（jǐ）

岩羊

雪豹

能量

植物

青藏高原生态系统的食物网

北极好远啊，我需要一艘船，一艘不一般的船。因为北极的海域覆盖着厚厚的海冰，我需要一艘有着破冰能力的船。

当我乘船北上，气候越来越寒冷。沿途遇见的小岛，都被冰雪覆盖着，不时还有高墙一般的冰山。

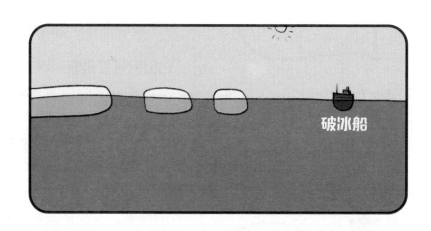

破冰船

在这样的冰天雪地里，竟然还有生物可以生活，真是不可思议的事情！

是冰雪的世界呀！

这时，一座小岛上传来嘈杂的声音，我仔细一看，崖壁上密密麻麻的，是企鹅吗？

不不不，这里不是南极，而且企鹅才不会飞呢！这是一种叫作厚嘴崖海鸦的海鸟。

厚嘴崖海鸦

它们有的在崖壁上飞来飞去，有的停在崖壁上，这是在休息吗？

原来，崖海鸦的巢筑在崖壁上，鸟爸爸鸟妈妈们正往返于海洋和崖壁间。它们的嘴里叼着鱼，这是要喂给它们宝宝的食物。

现在我找到了生活在北极的两个物种啦——厚嘴崖海鸦和鱼类。

因为鱼会被厚嘴崖海鸦这样的海鸟吃掉，所以我画了一个箭头，从鱼类指向海鸟。

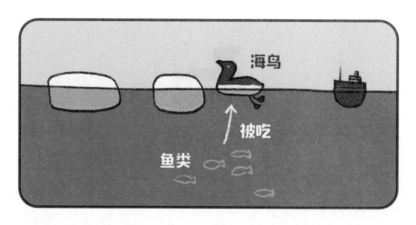

离开厚嘴崖海鸦，我要继续向北探险了。

我在海滨发现了一只灰灰的小动物，它正在吃着什么东西。这是一只狐狸吗？

我知道北极有北极狐，全身长着洁白的毛，在雪地中就像消失了一样。但这只……怎么好像不太一样呀！

难道它是另外一种狐狸？

原来，北极狐有两种毛色：一种是冬毛，又长又白，不仅保暖，还可以在雪地里隐身；另一种是夏毛，灰灰的，比较短，让北极狐在夏季的苔原中也能够隐藏自己。

冬毛　夏毛

这只北极狐正在吃什么呢？竟然是一只海鸟。北极狐会捕捉海鸟，也会偷鸟蛋作为食物。

现在我可以给北极食物网增加一环了——北极狐以海鸟为食，我画了一个箭头，从海鸟指向北极狐。

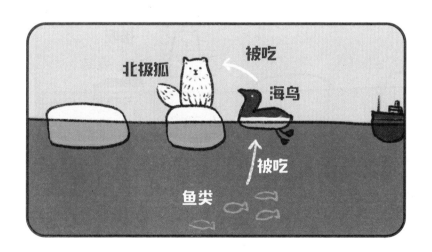

我离开北极狐继续探索，好长一段时间都没有新的发现，不过我仍然在耐心寻找。

这时，我听到船上有人发出惊呼。他们看到海里有什么东西在动，会是鲸吗？

我赶快走到甲板上望向大海，原来是只海豹！

海豹是一类海洋哺乳动物，意思是说相比在陆地上，它更擅长在海中活动。

正因为如此，它最爱的食物是海里的鱼。

海豹

北极食物网又增加了一环——海豹和海鸟一样，都以鱼类为食。

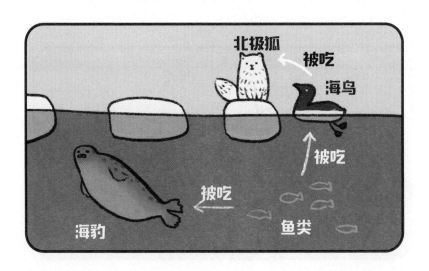

这只海豹很快又沉入了水中，看起来有点紧张，是我们吓到它了吗？

这时候又有人大喊："快看，北极熊！"

　　我们惊喜地发现，那并不是单独一只北极熊，而是一只北极熊妈妈带着两只小宝宝。两只北极熊宝宝非常厉害，看见妈妈跳入水中，便跟着跳下去，用四条腿游起泳来。

北极熊一家真是一点也不客气，就在我们面前滚来滚去，在雪上把身上的水蹭干，同时也把毛发弄干净了。清洁工作结束，北极熊一家便离开了。

北极熊的猎物是什么呢？北极熊最爱的食物是海豹。难怪刚才那只海豹逃得那么快。

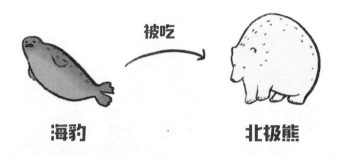

现在又要给北极食物网增加一个物种了——北极熊，它最爱的食物是海豹。

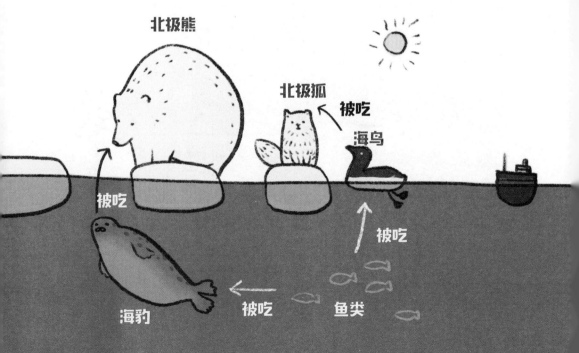

北极熊

北极熊是一种生活在北极地区的熊科动物，体形大且凶猛。北极熊是非常出色的游泳健将，以至于曾被人认为是海洋动物。

它是世界上最大的陆地食肉动物哦。

北极熊的嗅觉比狗还要灵敏，所以在冰天雪地中，它能快速地找到食物。而且它一顿就可以吃上多达 70 千克的食物，相当于一个成年男性的重量。

虽然北极熊看起来是雪白的，但它的皮肤却是黑色的，这样的肤色有助于它从阳光中获取能量。

在观察北极熊的同时，我注意到在前面的海水中，突然有一些白色"大冰块"浮出水面。当白色尾鳍露出水面、水花飞溅时，我才发现这是一群白鲸。

数量真不少呢，有一只、两只……几十只白鲸在海里自由地遨游。它们全身白色，还有一个圆圆的额头。

白鲸

白鲸爱吃的食物是鱼类。它们有天敌吗？当然有，那就是北极熊啦。我把白鲸也加入了北极食物网中。

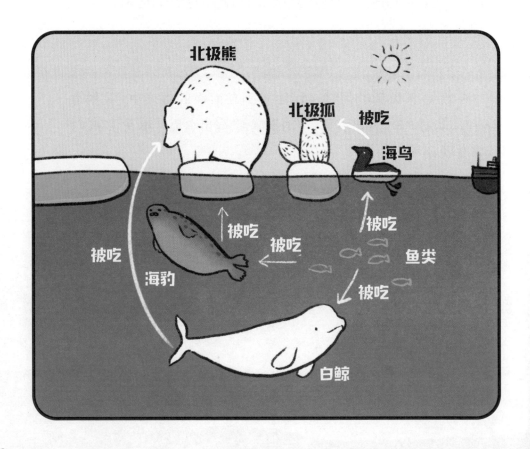

白鲸

白鲸是一种生活在海洋里的哺乳动物。

它的体色非常淡，是一种独特的白色。白鲸还有一个隆起的额头，高高圆圆的，看起来十分可爱。

与其他鲸类相比，白鲸有一个与众不同的特点：到了夏季，它的皮肤就会变成淡黄色。它是可以蜕换皮肤的哦。

白鲸的游泳速度比较缓慢，还喜欢集体活动，所以在海洋中，看起来就像一块块浮冰。

白鲸渐行渐远，我也要继续在北极探索了。

船向前行驶，我看到远处有一些褐色的东西。

是什么呢？有人说是石头，有人说是被遗弃的帐篷，等我们离近了，我看到了两根长长的牙齿。大家恍然大悟，原来是海象。

海象全身呈红褐色，长着一双豆豆眼，有钢丝一样的胡须。当然，最显眼的是那两根长长的牙齿，令人过目不忘。

海象

海象的动作看起来有点笨拙，它能像海豹一样抓海里的鱼吃吗？这两根长牙看起来好像非常碍事呀。

原来，鱼并不是海象的主食，海象会潜入海底，用它的胡须寻找贝类，这才是它的美食呢。

我们把这些生活在海底的生物叫作底栖生物。

海象

底栖生物

经过漫长的探索，现在我们要回到岛上休整一下。小岛上有一片草原，草原上这些白色棉花团一样的植物，有个形象生动的名字，叫纯白羊胡子草。

这时，有一群长着漂亮大角的鹿走近了，是驯鹿！驯鹿很喜欢吃这些植物，它们头也不抬，一直在认真吃草。

我可以把这两种生物也加入北极食物网中了——驯鹿和草，草通过太阳获得能量。

休息的同时，我也来整理一下我的笔记吧。

观察这张半成品，我觉得鱼类非常重要，海鸟、海豹和白鲸都吃鱼，而北极狐吃海鸟、北极熊吃海豹和白鲸。

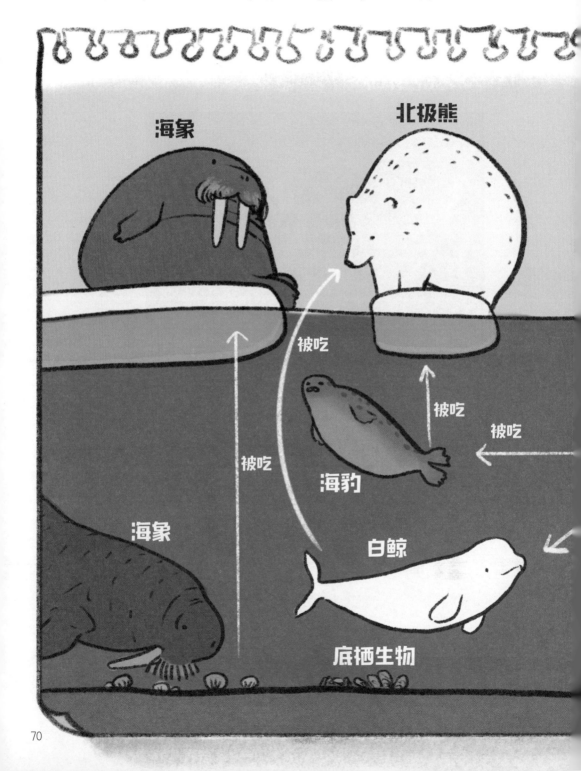

但我忽然发现，这个食物网有一个严重的问题。

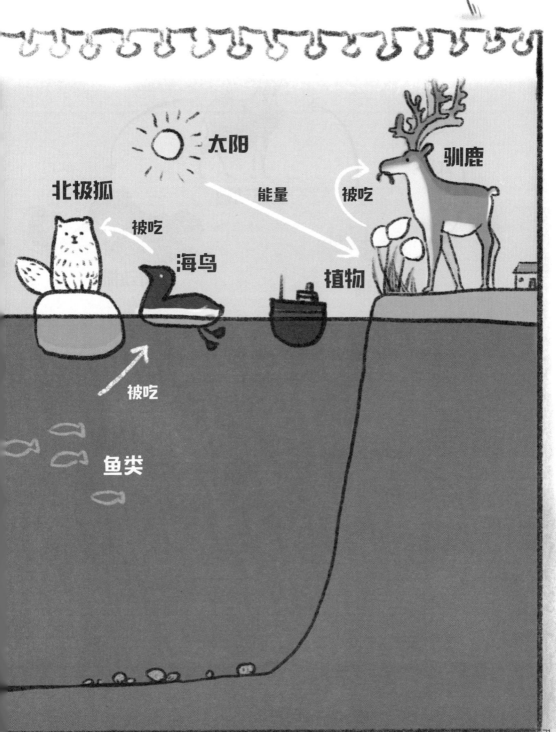

太阳

北极狐

能量

被吃

驯鹿

被吃

海鸟

植物

被吃

被吃

鱼类

我知道在自然界中，阳光给植物提供能量，植物被食草动物吃，食草动物又被食肉动物吃。

在北极，阳光给陆地上的植物提供了生长的能量，但是只有陆地上的驯鹿能够吃到地上的植物，海里的鱼吃不到呀！

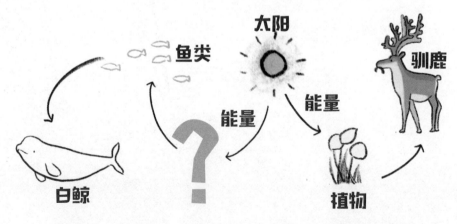

我想这里一定缺失了一环。阳光给海里的某个东西提供了能量，而它又被鱼吃掉，这样才能养活海豹和白鲸。

这个"神秘生物"藏在哪里呢？为什么我一直没有发现它？或许因为它非常小，要用显微镜才能看到？于是我取了一些海水，放在显微镜下观察，竟然发现了一些奇形怪状的东西。

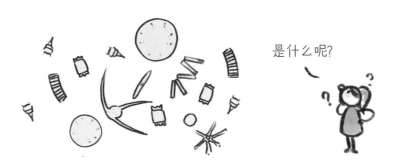

是什么呢?

我们把这些微小的生物都叫作浮游生物。浮游生物包含了各种不同的物种，它们不光生活在水里，也生活在海冰下面。我们可以把浮游生物分为浮游植物和浮游动物。

浮游植物　　**浮游动物**

浮游植物靠来自阳光的能量生长，它们又会被浮游动物吃掉。而这些浮游生物是鱼类的食物。

北极食物网终于完整啦!

太阳

能量

鱼类

←被吃　　**浮游生物**

笔记完成

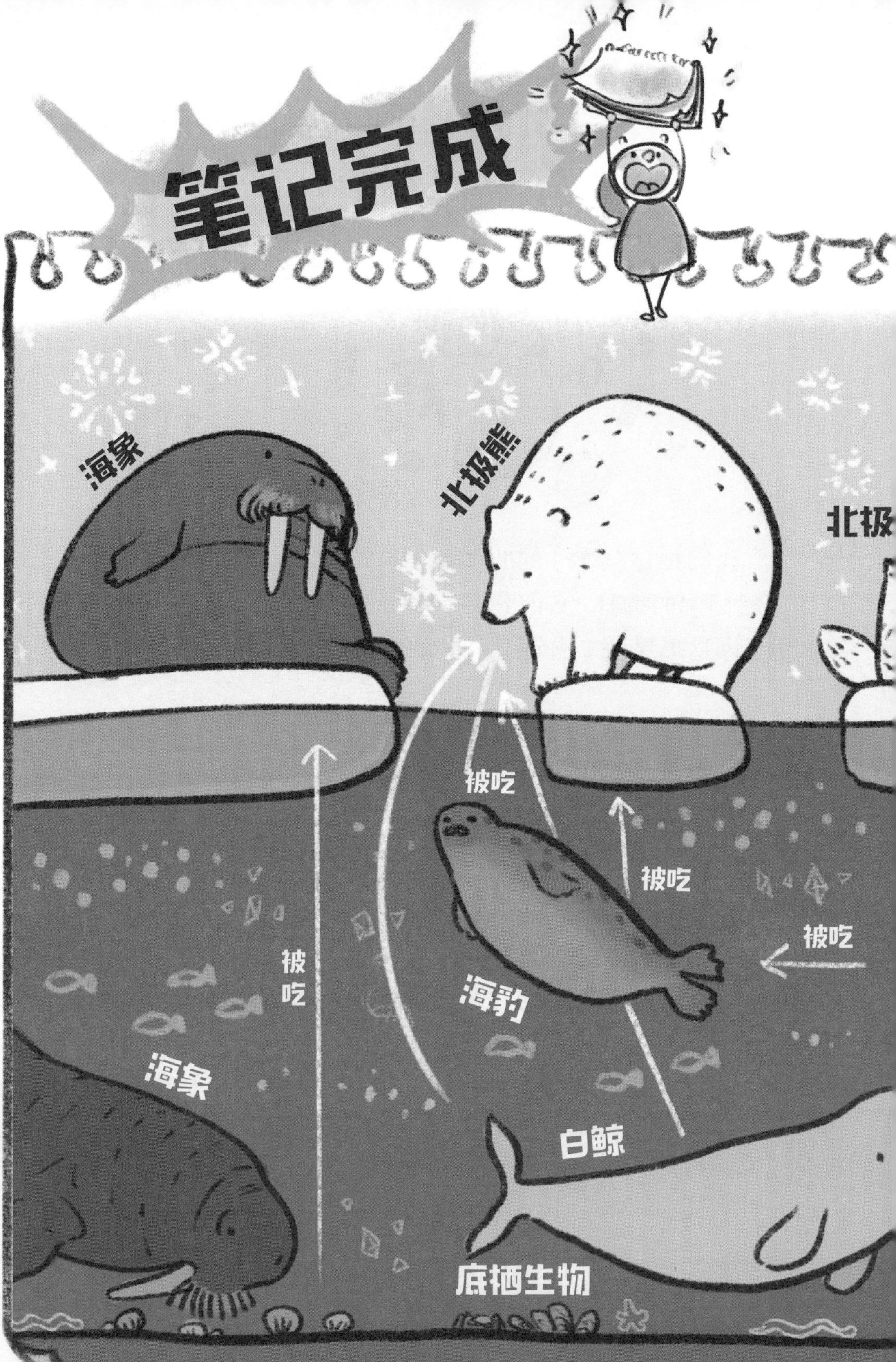

海象

北极熊

北极

被吃

被吃

被吃

海豹

被吃

海象

白鲸

底栖生物

浮游生物弥补了北极食物网中缺失的一环，而那些死去的浮游生物和海中的碎屑一起下沉，成了底栖生物的食物，底栖生物又给海象提供了食物。

关系图还能做什么？

这次我们绘制了北极冰海的食物网，它表示了北极生物之间吃与被吃的关系，因此，这样的图，我们可以叫它关系图。

能量　太阳　食草动物

植物　食肉动物

当然，事物之间并不只有一种关系，而是有着各种各样的关系，可以是喜欢的关系，比如说这两只互相依偎的小鸟。

喜欢

也可以是讨厌的关系，比如说这只狗狗讨厌这只猫猫。

还可以是故事里的人物关系，比如与哈利·波特有关的人物关系。

我们生活在一个非常复杂的世界里，事物之间往往有着复杂的关系，有时候令我们困惑不解，脑子里如同一团乱麻，这时就可以用我们今天学到的关系图来整理事物之间的关系。

绘制关系图，和制作北极食物网一样，你需要分两步来进行：

第一步，找找有哪些事物。
第二步，弄清楚这些事物之间有着怎样的关系。

你可以用箭头加上文字来画出它们的关系。等你画完之后，事物之间的关系就一目了然了。
你还能用关系图来画什么呢？你可以想一想，期待你的作品哦。

调查员技能测试

在正式调查之前，先完成下面的测试，证明你已经掌握了关系图技能。

食物网的调查笔记

你已经在前面几页看到了这张食物网，不过它并不完整。请帮自然调查员加上箭头和文字，描述清楚关系图中各个事物之间的关系。

正式开始调查

不会写的字可以请爸爸妈妈帮忙。

你可以在下面的空白区域完成你的调查笔记，如果空白不够大，也可以画在另外一张纸上。

调查对象：_____

调查员姓名：_____ 调查日期：_____

《南极海洋食物网》 杨晅劼辉 5 岁半

《北极圈食物网》 彭梓航 6 岁

《复仇者联盟人物关系图》 王孝安 6 岁

《斯里兰卡食物关系网》 杨名远 7 岁

《北极食物链》 张翌宸 5 岁

《夜探奥森视觉笔记》 陈彦安 7 岁

4 企鹅
调查笔记

　　结束了北极冰海的考察，我又接到了一个任务——去南极调查企鹅，并给企鹅朋友制作一份档案。

　　去南极的路途遥远，要坐飞机再乘船，我想，不如用这些路上的时间，先来读一本关于企鹅的书，了解一下什么是企鹅吧！

　　虽然企鹅不会飞，而是在海里游泳，但是它仍然是一类鸟。

鸟类

和其他鸟类一样，企鹅有翅膀、喙（huì）、足和身体 4 个部分。

翅膀　　喙　　足　　身体

现在世界上主要有 18 种企鹅！它们的个头、颜色和花纹各不相同。"企鹅"是它们的统称。

18 种

企鹅都生活在哪里呢？

企鹅基本上都生活在南半球。

看完这本书，我对企鹅有了更深的了解，我知道了：

企鹅是什么

1. 企鹅是一类鸟。
2. 企鹅主要有 18 种。
3. 企鹅生活在南半球。

企鹅有什么

企鹅有喙、翅膀、身体和足。

因此，我要调查的目标确定了，我打算调查一下企鹅身体的各个部分都有什么特点。

我坐上南极探险船，经过几天的航行，船的前方出现了冰山。看来船就要抵达南极了！

第二天，我们的船来到一座小岛附近。这里或许是企鹅生活的地方？让我们登上小岛一探究竟吧。

船慢慢接近小岛，突然，我在海冰上发现了两个小黑点，原来是两只白眉企鹅，它们好奇地看着我们。可能在它们看来，我们也是大企鹅吧。

当我们登上沙滩时，一群刚从海里回来的白眉企鹅朝着我们走来了。这时我想到，我可以开始调查我的第一个目标——企鹅翅膀了。

它们伸着翅膀一摇一摆的样子，真是太有趣了！

我仔细观察起了企鹅的翅膀。和其他鸟类的翅膀相比，企鹅的翅膀好特别哇！

一般鸟类的翅膀，有长而坚挺的羽毛，可以在空中飞行。

一般鸟类的翅膀　　**用于飞行**

而企鹅扁平而细长的翅膀上，只有短短的羽毛。与其说是翅膀，倒不如说是鱼鳍，非常适合划水。

企鹅的翅膀　　　　**鱼鳍**

虽然企鹅不能飞，但是它的翅膀十分强壮，能让企鹅在水中像飞行一样前进。

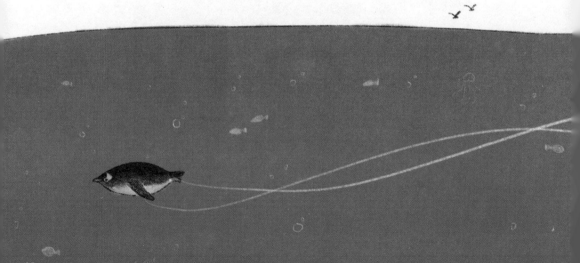

白眉企鹅

白眉企鹅是生活在南极洲的游泳健将。

白眉企鹅是企鹅家族中最快速的游手，能以高达 36 千米每小时的速度在水下冲刺。有时它可以一口气潜入水下 200 米。白眉企鹅还能从水中冲出水面，像海豚一样跳跃。

凭借这样高超的技艺，白眉企鹅能轻轻松松抓到水里的鱼和南极磷虾，美餐一顿。

一只刚上岸的白眉企鹅，一步步朝我走过来了。它有着两只红红的脚丫，企鹅的脚也是我要调查的部分。它有什么特别之处呢？

白眉企鹅的脚是橘红色的，没有羽毛覆盖，脚趾之间有一层皮膜，叫作蹼（pǔ）。

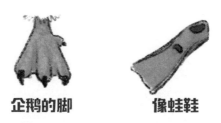

企鹅的脚　　　**像蛙鞋**

很多水鸟都有蹼，比如信天翁的蹼就好像潜水员穿的蛙鞋，便于拨水。

企鹅村

调控方向　　　**短腿**

企鹅的脚能够帮助它游泳，调控游泳的方向，就像船的舵一样。

但擅长游泳的脚却不擅长走路。企鹅的腿很短，到了陆地上，它只能迈着小步子摇摇晃晃地走路。

企鹅走路真不容易。

小短腿还很容易摔跤，哎呀！正说着，那只企鹅就摔了一跤。看来游泳和走路真是不能兼得呀。

我看到很多企鹅往山上走，于是我也跟上它们，果然前面出现了"企鹅村"，是企鹅聚集在一起筑巢的地方。

有很多刚出生的小企鹅，由企鹅父母悉心照料着。
仔细观察，我发现有一只企鹅家长正在给小企鹅喂食呢。
当企鹅张嘴时，我注意到它的喙和舌头上长了很多小刺。

这么多刺会
有什么用途呢？

仔细一看，这些刺还都是倒刺。
因为企鹅没有牙齿，这些倒刺能够防止抓到的小鱼从嘴里溜走。

有倒刺　　**捉鱼**

这里有两只企鹅正在往企鹅村走去，它们嘴里叼着的是什么？是小鱼吗？

不对，是一些泥土和草，原来这是它们的建筑材料。企鹅会用喙将建筑材料带回巢，然后用喙整修它的巢。

企鹅的巢是用土和石子垒成的，虽然简陋，但足以防止蛋滚远和被水淹。

看来企鹅的喙不仅是抓鱼的法宝，也能处理像筑巢这样的精细活儿。

叼石子　　　筑巢

现在我已经完成了三个调查项目——翅膀、脚和喙，还差最后一项，调查企鹅的身体。

企鹅的身体上覆盖着一层羽毛，这种羽毛看起来好特别呀！

如果能够拿到一根羽毛仔细观察，那就最好不过了，但是企鹅肯定不会让我拔毛。我也不能去干扰企鹅的正常生活，那我应该怎么办呢？

这时有人告诉我，在另外一个岛上，能够找到很多企鹅的羽毛，于是我决定去那里试试看。

船又行驶了一天一夜。

我们抵达了下一个有企鹅的岛，这座岛上有巨大的冰川，冰川前是密密麻麻的企鹅，场面无比壮观。

天哪！我从来没见过这么多企鹅！

这里的企鹅不是白眉企鹅，而是王企鹅。

来到岛上，我发现这里满地都是白色的东西，居然都是企鹅的羽毛。这里的企鹅怎么这么爱掉毛呢？难道有企鹅秃头了吗？

王企鹅

观察了多只企鹅后，我发现确实有一些企鹅不太一样。它们看起来好像羽毛掉了一半，露出下面新长出来的羽毛。原来这里的王企鹅正在换羽呢。

换羽

有许多鸟儿，包括企鹅在内，会定期更换自己的羽毛。它们每年要把旧的、破损的羽毛褪掉，换上全新的羽毛。

换羽对鸟类来说有重要的意义。换羽可以替换掉损伤的羽毛，使羽毛长年保持完好；也可以根据不同的季节更换羽色，使自己适应环境的变化。

这就好像我们人类换上新的衣服一样。

现在我有充足的羽毛可以观察了。

这是一根企鹅的羽毛，和一般鸟类的羽毛相比，它显得格外短。

羽毛的下部毛茸茸的，看起来像羽绒服一样保暖，即使是南极冰冷的风也吹不透。

羽毛的上部不再是毛茸茸的，而是整齐地排列着，这样的羽毛一层一层地叠在一起，能够起到防水的作用。

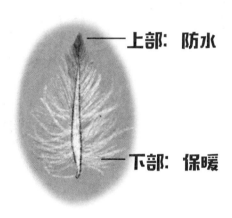

—— 上部：防水

—— 下部：保暖

除了羽毛之外，企鹅皮肤下面还有一层厚厚的脂肪用来保暖，所以即使在寒冷的南极，企鹅也能生存。

脂肪

现在企鹅的档案已经完成了，到了制作视觉笔记的时间了。

笔记完成

企鹅 PENGUIN

1. 企鹅是一类鸟。
2. 企鹅主要生活在南半球。
3. 企鹅主要有 18 种。

上部：防水

下部：保暖

身体

脂肪

　　企鹅的羽毛既防水又保温。企鹅的皮肤下还有厚厚的脂肪，也能够帮助保暖。

　　企鹅的这些特点，让企鹅适应了潜水生活。

我们把调查的结果有序地放在一起，就是一张完整的档案图啦。

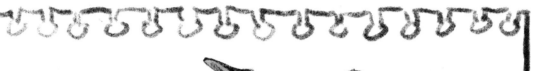

喙

有倒刺　　捉鱼

叼石子　　筑巢

企鹅的喙能用来捕捉海里的鱼，嘴里还有防止鱼滑落的倒刺。企鹅也会用喙搬运筑巢的材料。

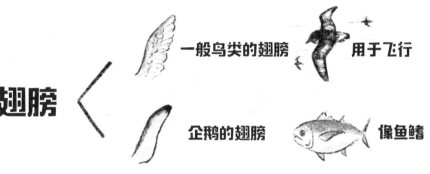

翅膀

一般鸟类的翅膀　　用于飞行

企鹅的翅膀　　像鱼鳍

企鹅的翅膀无法用来飞行，更像是鱼鳍，能使它在水中快速游泳。

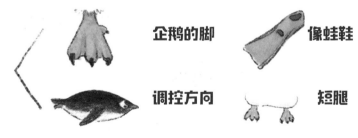

足

企鹅的脚　　像蛙鞋

调控方向　　短腿

企鹅的脚有蹼，在游泳时能像舵一样控制方向。企鹅的腿很短，并不擅长走路。

档案图还能做什么？

档案图可以用来介绍任何一种事物。

在制作档案图的时候，你可以分三个步骤：

第一步，回答它**是什么**。

1. 企鹅是一类鸟。
2. 企鹅主要生活在南半球。
3. 企鹅主要有 18 种。

第二步，回答它**有什么**。

翅膀　　喙　　足　　身体

第三步，回答它**能做什么**。

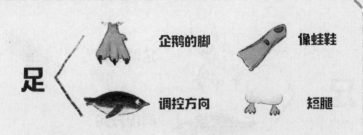

足 ＜ 企鹅的脚　像蛙鞋　调控方向　短腿

企鹅的脚有蹼，在游泳时能像舵一样控制方向。企鹅的腿很短，并不擅长走路。

比如说蒸汽机车，它是一种火车头。蒸汽机车有锅炉、煤水车、轮子、司机室。蒸汽机车能烧煤，用烧煤产生的热量来加热水，水变成水蒸气推动轮子。通过司机的控制，它可以拉着车厢在铁轨上前进。

是什么

蒸汽机车是一种火车头。

有什么

煤水车

锅炉

司机室　　　　轮子

能做什么

蒸汽机车用烧煤产生的热量来加热水，水变成水蒸气推动轮子。通过司机的控制，它拉着车厢在铁轨上前进。

你向别人介绍一件事物时，也可以按照"它是什么、有什么、能做什么"的顺序来介绍哦。这样不仅能让你自己的思路更清晰，听你讲话的人也能够清楚地了解这件事物的特点。

调查员技能测试

在正式调查之前，先完成下面的测试，证明你已经掌握了档案图技能。

挖土机的调查笔记

调查员找到了一台巨大的挖土机！调查员注意到了挖土机有一些特殊的结构，正是有了这些结构，挖土机才能正常工作。请你帮助调查员找到挖土机最重要的 3 个结构，并把它们画在圆圈中。

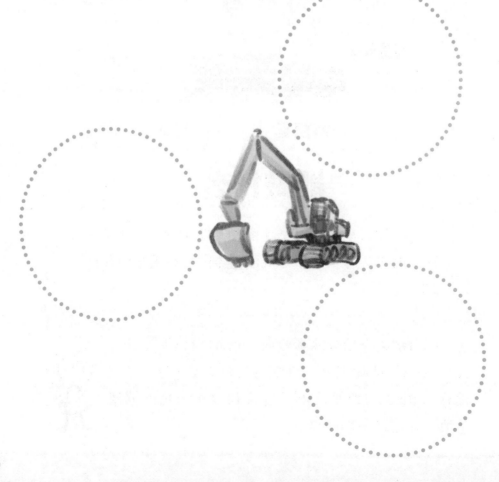

正式开始调查

不会写的字可以请爸爸妈妈帮忙。

你可以在下面的空白区域完成你的调查笔记，如果空白不够大，也可以画在另外一张纸上。

调查对象: _____

调查员姓名: _____ 调查日期: _____

《牙齿》 豆丁 5岁

《企鹅》 王笳一 9岁

《动物园游记》 王旭尧 6 岁 郭旭泽 6 岁

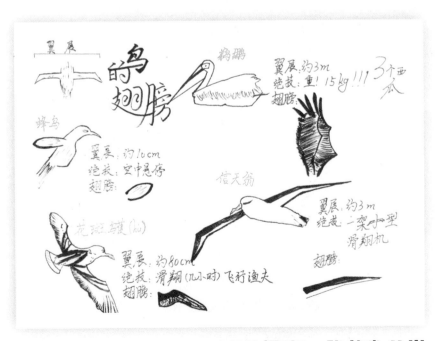

《鸟的翅膀》 张书瑞 11 岁

5 海岛生物
调查笔记

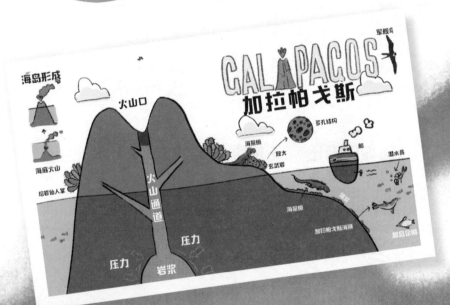

还记得我之前调查过的加拉帕戈斯群岛吗？

加拉帕戈斯是由火山喷发形成的群岛，岛上长出了植物，又吸引来了很多动物，它们在岛上住下，于是加拉帕戈斯就逐渐变成了生物的乐园。

但是我的脑海里有一个疑问：从地图上看，这片群岛在大海的中间，距离陆地有1000多千米，生物是怎样到达海岛的呢？

加拉帕戈斯海狮 **海鸟** **仙人掌**

像加拉帕戈斯海狮，它能游泳，那可能是游过来的；海鸟能飞，那它可能是飞过来的。

但是岛上还有仙人掌，仙人掌总不会是游过来或飞过来的吧？还有一些动物不会飞也不会游泳，比如加拉帕戈斯陆龟，它们又是怎么过来的呢？

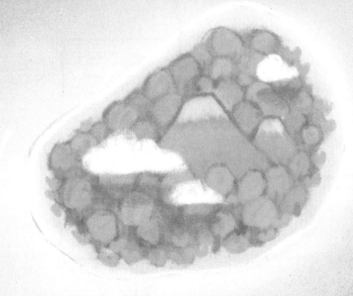

这真是一个奇怪的大谜团！

所幸的是，我的历史学家朋友知道了我在调查海岛的形成，他给我寄来了七个宝箱，说是里面记录了一座火山岛的历史。

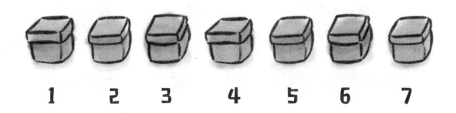

打开第一个箱子，我看到里面有一张地图，还有一份记录。地图上有一座岛屿被画上了一颗红星，就是这座岛屿所在的位置了，它靠近赤道，是一座热带海岛。

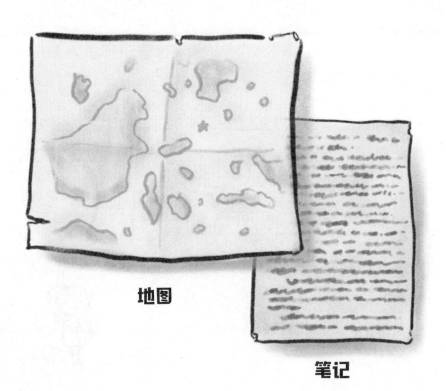

地图

笔记

记录里写到，有一天，这座岛上的火山"砰"的一下喷发了。

这一次的火山爆发相当猛烈，半个岛都变成了火山口，岛上的生物全部都完蛋了。

喷发的岩浆流过的地方，活物全部化为灰烬。好惨啊！

火山喷发后，小岛被火山灰覆盖。

我打开了第二个箱子。这个箱子记录了火山喷发之后 5 年的事情。

箱子里面有一些照片。照片上，凝固的岩浆上长出了蕨（jué）类植物。咦，它们是怎么来到岛上的？

仔细观察照片上的蕨类植物，我发现它们的叶子后边有一个个小囊（náng）。原来这些黑色的小囊就是蕨类植物的"种子"——孢子囊。当孢子囊散落在环境合适的地方，就能够生长成新的植株。

蕨类植物

蕨类植物是一种非常古老的生物，在恐龙时代，它们是地球上主要的植被。它们广泛分布在世界各地，尤其以温暖湿润的热带、亚热带地区居多。

蕨类植物已经有了根、茎、叶的分化，但是它们永远也开不了花、结不了果。它们依靠细小的孢子繁殖，孢子和被子植物的种子可不是一个东西。

我们熟悉的蕨类植物有森林里的肾蕨、水里的满江红，还有高大的木本蕨类植物桫椤（suō luó）哦。

孢子是怎么跑到岛上去的呢？

孢子很小，风一吹，它们就能被风带到数百千米外的地方。所以，总有一些孢子会落在小岛上。

这样我们就知道了小岛上会出现生物的第一个原因：风给小岛带来了蕨类植物的孢子。

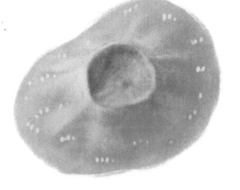

第三个箱子记录了火山喷发后 10 年的事情。箱子里装了很多奇奇怪怪的东西，它们是植物的果实吗？

根据记录，这些果实是在小岛的海滨捡到的。

银叶树果　　榄仁树果　　海杧果　　水椰子

这些果实是如何来到岛上的呢？显然不是风吹来的，它们太重了，风没有办法把它们吹起来。那会不会是海水带来的呢？

如果想要通过海水传播，那这些果实要能漂浮在海上才行，让我来测试一下。

果实全部都通过了测试，它们真的可以随着海浪漂流，如果凑巧来到岛上，就能在这里生根发芽啦。

我又知道了岛上出现生物的第二个原因：海水带来了植物的种子。

海漂植物

一些生长在海边的植物，能够依靠海水将它们的果实或种子传播到遥远的地方。我们把这种通过海水传播果实或种子的植物叫作海漂植物。

海漂植物的果实或种子通常有可以帮助它们漂浮的结构。比如生长在海南岛的水椰，它的果实就有一层网状的纤维层，帮助它在海上漂浮。

打开第四个箱子，里面是一根羽毛和
一小袋东西。上面写着……什么？屎！

4

白腹海雕

还有几张照片，照片中是几种鸟。
有白腹海雕，它喜欢抓鱼吃。

还有这种颜色像彩虹般的鸟，
叫作红颈绿鸠（jiū），它喜欢吃果实，
尤其是榕树的果实。

红颈绿鸠

红颈绿鸠

下面这个可不是鸟类了，是一种叫作小狐蝠的蝙蝠，它也是吃果实的。

小狐蝠

这包粪便就是小狐蝠的粪便。粪便里怎么有些东西？

好像是些很小的种子。原来是榕树的种子！

榕果

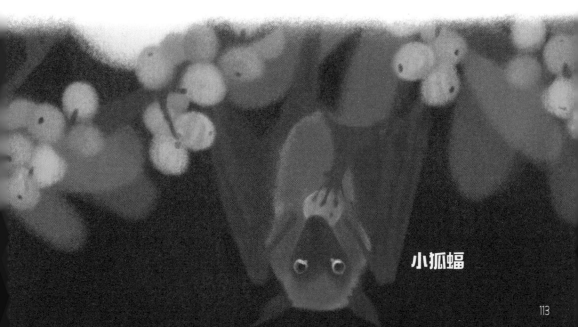

小狐蝠

　　看来这些会飞的动物，在吃了果实和种子后，如果路过小岛时正好拉了屎，就能把屎里的种子留到小岛上。

红颈绿鸠　　　　　　**小狐蝠**

　　现在我们知道了岛上出现生物的第三个原因：动物飞到岛上，植物的种子跟随这些会飞的动物来到了岛上。

原来植物还能够搭动物的"便车"！

第五个箱子记录的是火山喷发 30 年后的事情，箱子里是一种生物的调查记录笔记，还有它的照片。它的名字叫作亚洲水巨蜥。

照片

记录

根据记录，它是最早来到岛上的大型动物，能有 2 米多长。它是怎么过来的呢？亚洲水巨蜥有很强的游泳能力，也能很长一段时间不吃不喝，或许它就是游到岛上的。

亚洲水巨蜥

来到岛上以后，亚洲水巨蜥就开始了荒岛求生。

只要是能抓到的，死掉的鱼、活着的鱼、螃蟹、鸟、鸟蛋，亚洲水巨蜥来者不拒。靠着不挑食的好习性，它成功地在海岛上生存了下来。

现在有了小岛上出现生物的第四个原因：动物通过游泳来到了岛上。

游泳

第六个箱子里有什么呢？是一些被咬过的种子，是老鼠咬的。老鼠会游泳，但是距离太长可不行，那么老鼠是怎样来到岛上的呢？

原来，这一带有打鱼的渔民，他们偶尔会来到这座荒岛上，于是船上的老鼠就意外地跟他们一起上了岛。

老鼠也在这里开始了它们的荒岛求生,它们吃植物的种子、昆虫等食物过活。

第五个原因被我找到了:动物被人类带到了岛上。

只剩下最后一个箱子了，它记录的是火山喷发后50年的事情。

这是一张海岛的照片，岛上已经覆盖了茂密的森林，火山喷发的痕迹几乎看不到了。

海漂果、榕树的种子已经长成了大树，结了果实，吸引各类鸟、蝙蝠前来觅食。

用了50年时间，一座岛屿从荒芜恢复了绿色，神奇的大自然有着自我修复的能力。

这是大自然
的魔法呀！

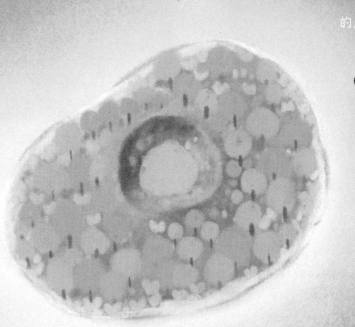

笔记完成

亚洲水巨蜥

蕨类植物

风力传播

孢子

游泳

银叶树果

揽仁树果

海水传播

海杧果

海漂植物

水椰子

洋流

老鼠

动植物跟随人类旅行可不一定是件好事。一些生物从原来的环境被人类带到新的环境，由于繁殖力强等原因而爆发式地生长，可能会对当地的生态系统产生不良影响，我们把这个过程叫做"生物入侵"。

人类传播

现在，我们知道了海岛出现生物的各种原因。当我们把这些原因整合在一起，就获得了最终的视觉笔记。

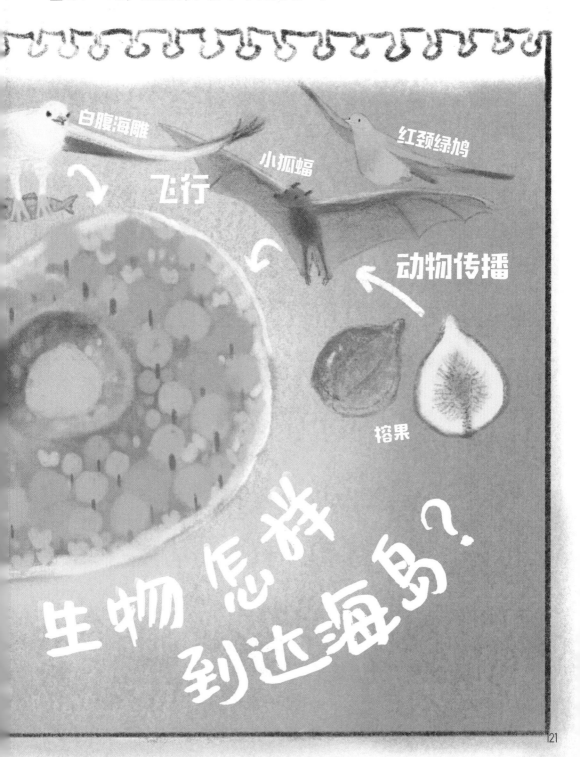

白腹海雕

飞行

小狐蝠

红颈绿鸠

动物传播

榕果

生物怎样到达海岛？

因果图还能做什么？

像这样描述一个事件的起因和结果的图，我们叫它因果图。当一个事件发生的时候，我们可以用因果图来描述它发生的原因。

原因 → 事件

病原体

下雨

小熊猫感冒了

比如说，小熊猫为什么会感冒？是因为有病原体在作怪，还有小熊猫最近淋了雨，导致免疫力下降。

因果图还可以用来预测未来会发生什么，也就是一个事件导致的结果。

事件 → 结果

感冒的结果就是小熊猫会发烧、咳嗽，还需要在家休息，不能外出玩了。

小熊猫感冒了

发烧

在家休息

因果图还可以用来分析一个故事或者一段历史。

比如在《三国演义》中，有草船借箭的故事，在这个故事里，诸葛亮能够成功从曹操那里借到10万支箭，是因为：

1. 诸葛亮准备了草船。

2. 当天是大雾天气，让人看不清水面上的情况。

3. 曹操多疑，不敢贸然进攻。

　　曹操派弓箭手放箭，正中诸葛亮下怀。因此，诸葛亮成功借到了箭。

诸葛亮准备了草船

有大雾

诸葛亮成功借到了箭

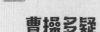

曹操多疑

你想用因果图来描述什么故事呢？来试试吧！

调查员技能测试

在正式调查之前，先完成下面的测试，证明你已经掌握了制作因果图的技能。

因果配对

在海岛生物的调查中，可莱老师还发现了一些没有画在调查笔记上的因果关系，试着给它们连线配对吧。

原因

1. 火山喷发。

2. 孢子很轻。

3. 亚洲水巨蜥什么都吃。

结果

A. 亚洲水巨蜥可以在岛上活下来。

B. 岛上的生物都完蛋了。

C. 风可以把孢子带到很远的地方。

答案：1.B，2.C，3.A

正式开始调查

不会写的字可以请爸爸妈妈帮忙。

你可以在下面的空白区域完成你的调查笔记，如果空白不够大，也可以画在另外一张纸上。

调查对象: _____

调查员姓名: _____ 调查日期: _____

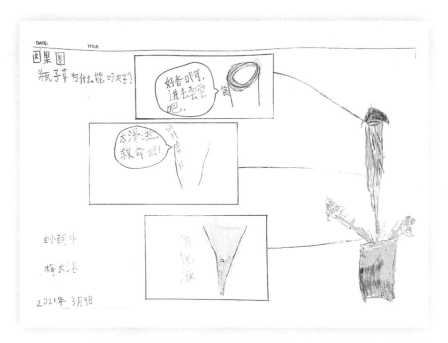

《因果图：瓶子草为什么能吃虫子》 梅长洛 6岁半

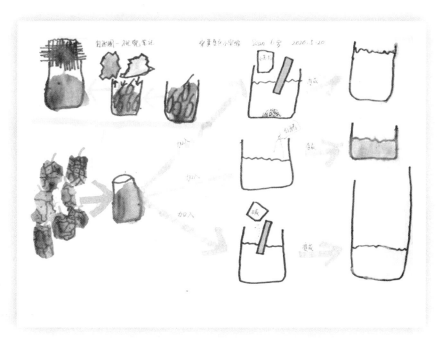

《桑葚变色小实验》 王孝安 6岁

6 地球动物博物馆调查笔记

　　今天，我收到了一位收藏家寄来的信。这位收藏家收藏了好多好多动物标本，他决定要用这些标本建造一座地球动物博物馆。

我要建造一座巨大的博物馆。

　　但是收藏家不知道如何布置这个巨大的博物馆，于是他写信让我帮帮忙，来给这些动物分个类。

这里有我们熟悉的北极熊、长颈鹿，也有在南极和北极看到的企鹅和鲸，还有一些会飞的小鸟和蝙蝠，等等。

这么多动物，该如何是好啊？

让我想一想，这些动物有什么共同点呢？

没错，它们都会动。动物们有各种各样的运动方式，让我按照运动方式来给它们分类吧。

首先，我们可以把它们分为在天空飞行的、在海洋里游泳的和在陆地上行走的这样三类。

飞行　　　　　　游泳　　　　　　行走

让我们一起找一找哪些动物会飞吧。

飞行的动物

我发现，这里有很多类鸟，我们都知道，大多数鸟都是通过飞行的方式运动的。

鸟类之所以能够飞行，是因为它们有一双翅膀。翅膀可以帮助鸟类进行长距离的移动。

翅膀

比如有一种叫作北极燕鸥的鸟，每年往返于南极和北极一次。

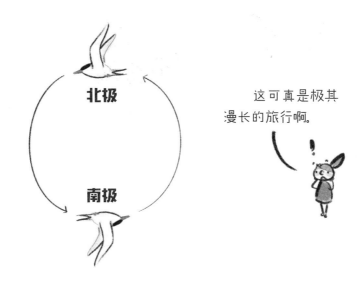

这可真是极其漫长的旅行啊。

让我把所有的鸟类都找出来，有翠鸟、猫头鹰、信天翁……

翠鸟

火烈鸟

八色鸫（dōng）

燕鸥

猫头鹰

信天翁

那么，除了鸟类之外，还有什么动物也可以飞呢？

你瞧，这里有几只蝙蝠！蝙蝠也能够自由自在地在空中飞行，那么它们的翅膀和鸟一样吗？

彩蝠　　　　**狐蝠**　　　　**吸血蝠**

经过仔细观察，我发现，蝙蝠的飞行装备可和鸟不同。

蝙蝠的翅膀上没有羽毛，看上去光秃秃的。

原来，蝙蝠的翅膀是一层皮肤，把它的肩膀、手指、身体和腿都连成一片。我们把这种皮肤叫作翼膜。蝙蝠就是依靠翼膜来飞行的。

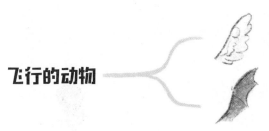

飞行的动物　　　**用有羽毛的翅膀飞行**

用有翼膜的翅膀飞行

咦，这里还有一些带有翅膀的生物，是蜻蜓、蝴蝶、独角仙等昆虫。昆虫也有翅膀，但它们的翅膀看起来和鸟类、蝙蝠的都不一样。

萤火虫　　**蜻蜓**　　**独角仙**　　**蜜蜂**　　**瓢虫**

大多数会飞的昆虫都至少有一对薄膜般的透明翅膀，由骨架一样的翅脉支撑，看起来特别轻盈。

我把蝙蝠、昆虫和鸟类放到一块儿，现在在我们的天空馆里已经有三种动物啦，它们都会飞，可是飞行的方式却各不相同。

飞行的动物　　**用有羽毛的翅膀飞行**

用有翼膜的翅膀飞行

用薄膜般的翅膀飞行

关于蝙蝠，你知道多少？

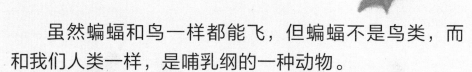

虽然蝙蝠和鸟一样都能飞，但蝙蝠不是鸟类，而和我们人类一样，是哺乳纲的一种动物。

蝙蝠和其他哺乳动物很不一样，它特化出了许多适应飞行的特征：骨骼轻盈，听觉发达，有能够飞翔的翼膜。它是唯一真正能够飞翔的哺乳动物。

蝙蝠身上携带着许多病毒，但是它强大的免疫力能使自己不患病。

蝙蝠是大自然里不可或缺的一分子。许多蝙蝠以昆虫为食，能够帮我们消灭许多对农业危害极大的害虫。还有一些蝙蝠以花果为食，它们和蜜蜂一样，能够帮助植物传粉。

在科学研究中，蝙蝠也同样意义非凡：科学家从蝙蝠身上发现了超声波；蝙蝠携带的病毒，可以作为医学研究对象。

游泳的动物

给飞行的动物分完类，接下来我们看看什么动物在水里游泳。

我发现了熟悉的企鹅。经过之前的档案调查，我知道，企鹅是鸟类，也有翅膀，它们的翅膀特化成船桨的形状，用来在水中划水前进。

企鹅的翅膀其实相当于我们的手臂，也被称作前肢，也就是说它们是依靠前肢划水前进的。

而我曾经在加拉帕戈斯看到的海狮，和企鹅一样，也是依靠前肢划水来获得向前的动力的。

于是，我将海狮和企鹅放到了一块儿。

企鹅

使用前肢游泳

海狮

既然有用前肢游泳的动物，那还有没有其他的游泳方式呢？
我发现了一只蓝鲸，世界上居然有这么庞大的动物！

蓝鲸是目前世界上最大的动物，它们的长度约等于 3 辆坦克，
体重相当于 30 头非洲象。

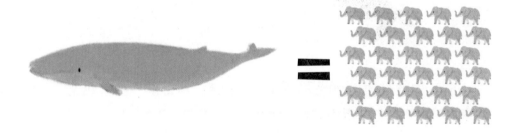

它们在茫茫的海洋里生活，大概也只有借助海洋的浮力，才能
支撑得起如此巨大的身体吧。

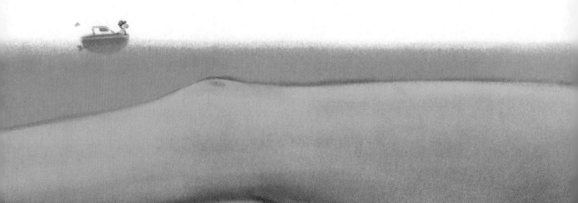

蓝鲸的尾巴很大，而且非常有力。原来，鲸类是通过摆动自己的尾巴来获得向前的动力的。

和蓝鲸类似，虎鲸、海豚也是通过它们的尾巴来游泳的。

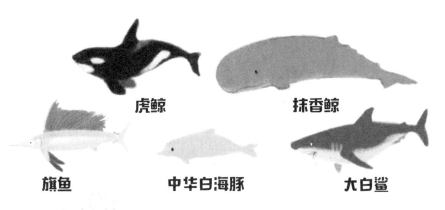

虎鲸　　　　　抹香鲸

旗鱼　　　　中华白海豚　　　　大白鲨

现在，我把它们放到了一起，和企鹅、海狮分开，因为鲸和海豚不是用前肢，而是用尾巴来游泳的。

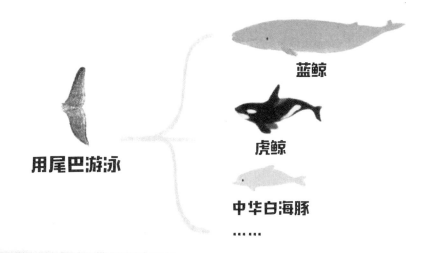

蓝鲸

虎鲸

用尾巴游泳

中华白海豚
……

行走的动物

现在，我已经给在天空飞行和在海里游泳的动物们做好了分类。剩下来的，当然是和咱们一样，在陆地上行走的动物啦。

狮子　　长颈鹿　　狐猴　　斑马　　瞪羚

猎豹　　臭鼬　　赤狐　　牦牛

快看，这里有一头北极熊。北极熊用四肢在冰面上行走，它们的脚掌看起来和我们人类的有些类似。

不过，北极熊的脚掌上为什么会有好几块黑色的小疙瘩呀？

原来，这是它们的肉垫。肉垫可以帮助北极熊在快速奔跑时减少震动，并减轻脚步声，让它们更容易靠近猎物。

还有哪些动物有肉垫？我来找找看。

猎豹、赤狐、臭鼬（yòu）、狮子……我们可以把它们和北极熊放到一起——都是用脚掌行走的动物。

猎豹　　　**赤狐**　　　**臭鼬**　　　　**狮子**

那么，其他的动物也和北极熊一样都用脚掌行走吗？啊，这里还有一只长颈鹿。

这位大草原上的高个子，走起路来好优雅呀。

长颈鹿

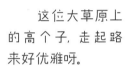

但是，我仔细观察了一下它的足。咦？这和北极熊的脚掌很不一样啊！

看上去就好像是穿了一双皮鞋。

这双看起来很结实的"皮鞋"，其实是长颈鹿脚趾上坚硬的角质，我们把它叫作蹄。

还有哪些动物有和长颈鹿类似的蹄子呢？

有瞪羚、牦牛、角马……

瞪羚　　**牦牛**　　**角马**

哦，对了，还有黑白相间的斑马。

斑马　　　　**斑马的蹄子**

和长颈鹿一样生活在非洲草原上的斑马，也是用蹄子走路的。可是它们的蹄子和长颈鹿有些不同，一只脚上只有一个蹄子。

我把这些动物陈列到一个展区，它们是用蹄子行走的动物。

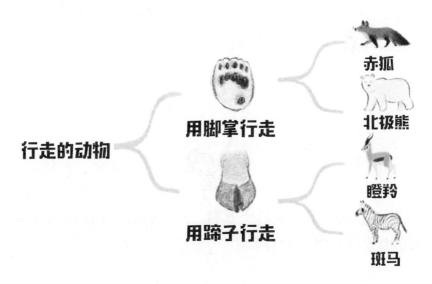

一个蹄子，还是两个蹄子？

斑马和长颈鹿都属于有蹄类动物，这得名于它们的脚趾上有坚硬的蹄保护。我们根据脚趾数目的不同，又可以把它们分为奇蹄目动物和偶蹄目动物。斑马每只脚上有一个脚趾，犀牛每只脚上有三个脚趾，一和三都是奇数，因此它们属于奇蹄目动物。

斑马　　　　**犀牛**

相比之下，长颈鹿每只脚上有两个脚趾，牦牛每只脚上有四个脚趾，脚趾数目都是偶数，因此它们属于偶蹄目动物。我们饲养的家畜如猪、牛、羊，都是偶蹄目动物。

长颈鹿　　　**牦牛**　　　**瞪羚**

我的动物分类工作完成了！

博物馆隆重开幕，下面我们一起来参观一下这座地球动物博物馆吧。

地球动物博物馆

欢迎来到地球动物博物馆! 博物馆分为三个展区: 天空展区, 海洋展区和陆地展区。

天空馆

首先, 我们来到天空展区。同样是能在天空飞翔的动物, 它们的翅膀各不相同。

火烈鸟

翠鸟

八色鸫

信天翁

燕鸥

猫头鹰

麻雀

这里有用翅膀飞行的鸟类, 鸟类的翅膀上长满了羽毛。

吸血蝠

彩蝠

狐蝠

蝙蝠的翅膀没有羽毛, 取而代之的是翼膜。

萤火虫

独角仙

蝴蝶

蜜蜂

蜻蜓

瓢虫

昆虫家族的成员们也能够飞行, 不过, 它们的翅膀像一层薄膜。

鲸与海豚等动物则依靠它们有力的尾巴来游泳。

海洋馆

海狮

海龟

企鹅

抹香鲸

蓝鲸

虎鲸

大白鲨

月鱼

中华白海豚

旗鱼

金枪鱼

在海洋馆里，企鹅和海狮等动物用前肢来游泳。

陆地馆

虽然都是在陆地上行走的动物，但它们的足各不相同。

赤狐

猎豹

北极熊和狮子等动物用脚掌来行走。

狐猴

臭鼬

北极熊

狮子

长颈鹿和斑马等动物用"皮鞋"一样的蹄子走路。

瞪羚

马来貘

牦牛

长颈鹿

犀牛

斑马

笔记完成

燕鸥

翠鸟

彩蝠

狐蝠

用有羽毛的
翅膀飞行

用有翼膜的
翅膀飞行

飞行的动物

蜻蜓

独角仙

用薄膜般的
翅膀飞行

博物馆
动物分类

今天，我们在调查笔记本上，用一张图规划了博物馆的展区。
这张看上去像长了很多树杈的图叫作树图。

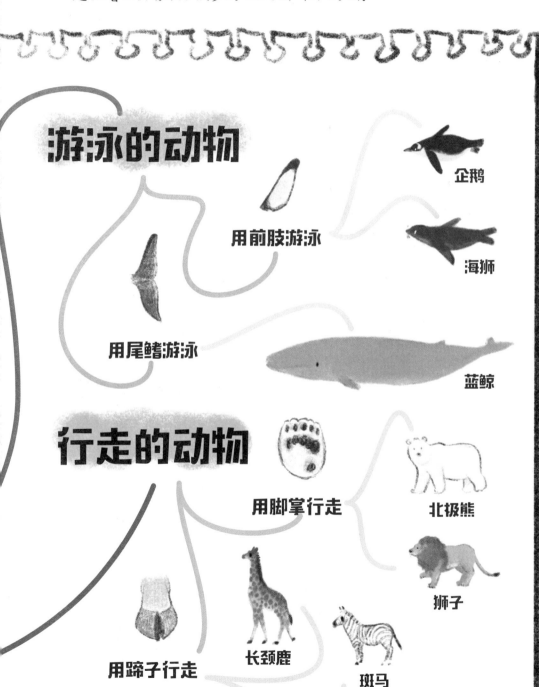

游泳的动物

用前肢游泳

企鹅

海狮

用尾鳍游泳

蓝鲸

行走的动物

用脚掌行走

北极熊

狮子

用蹄子行走

长颈鹿

斑马

树图还能做什么?

树图是让我们学会分类思考的最佳工具，它就像一棵生长的树，在基部的是树干，从树干上分出了许多分支。

用蹄子行走　用脚掌行走

行走的动物

你在画树图的时候，先写出你的主题，也就是树干。然后写出第一级的分支。

一级分支

主题

一级分支

如果需要，还可以延伸出第二级甚至第三级分支。

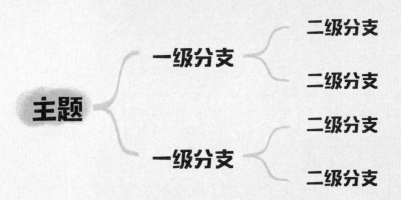

通过树图，你能够把看似杂乱的事物按照一定的相同点归纳整理，整理之后能让你思路清晰，便于记忆。

在记忆单词时，我们也可以用树图给单词分类，把同类的单词放在一起，有助于记忆。

如果要外出旅行，我们可以用树图梳理自己要带的物品，比如洗漱用品、衣物、电子设备等。

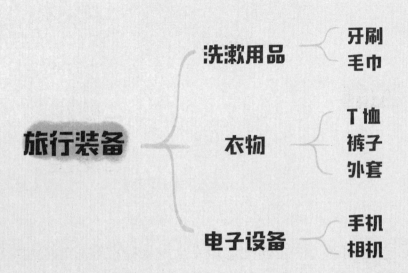

在阅读一本书时，我们可以通过树图来整理书的中心思想和细节，方便我们理解书的内容。

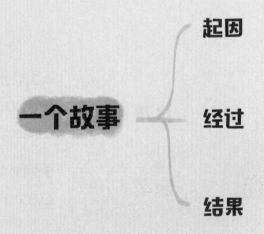

你也可以尝试用树图来给你身边的东西分类，期待你的作品哦。

调查员技能测试

在正式调查之前，先完成下面的测试，证明你已经掌握了树图技能。

交通工具的调查笔记

自然调查员的工作地点遍布世界各地，经常需要利用交通工具。这次，调查员想用树图把交通工具做个总结，请你帮他把红色方框中的交通工具填入树图中。

> 直升机　邮轮　热气球　帆船　潜水艇
> 火车　　汽车　飞机　自行车　飞艇

也可以使用绘画的形式哦。

交通工具

天空中

陆地上

大海中

正式开始调查

不会写的字可以请爸爸妈妈帮忙。

你可以在下面的空白区域完成你的调查笔记，如果空白不够大，也可以画在另外一张纸上。

调查对象: _____

调查员姓名: _____ 调查日期: _____

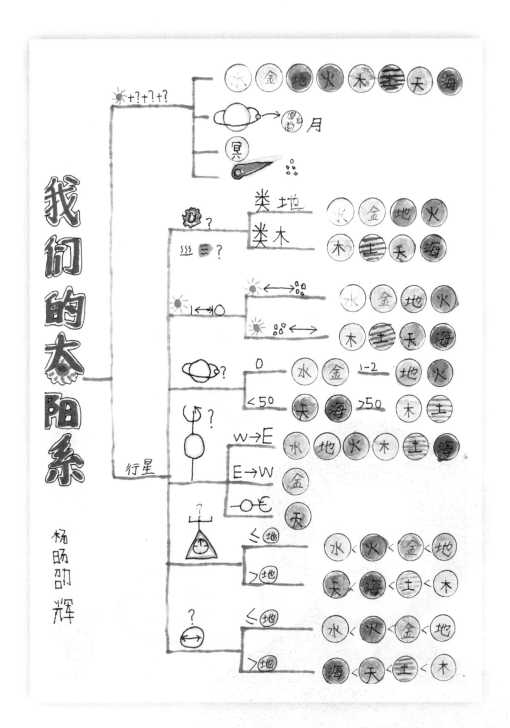

《我们的太阳系》 杨旸劲辉 5 岁半

7 法布尔《昆虫记》调查笔记

这一次，我接到的任务是去探访著名昆虫学家法布尔。

法布尔？
他是谁？

法布尔在名著《昆虫记》中描述了各种昆虫的秘密故事。

他是怎么知道这些故事的呢？

出生于法国的法布尔，在 56 岁时买下了法国小镇上的一块荒地，并取名为"荒石园"。这片看似荒芜的不毛之地，却成了他和昆虫的秘密乐园。他在这里潜心研究昆虫，写下了多达 10 卷的《昆虫记》。

这么多昆虫的故事啊，该怎么记住呢？

在之前的课程中，我们用流程图记录了乌干达花金龟的一生。流程图其实还有其他用途，比如用来整理一本书的内容。

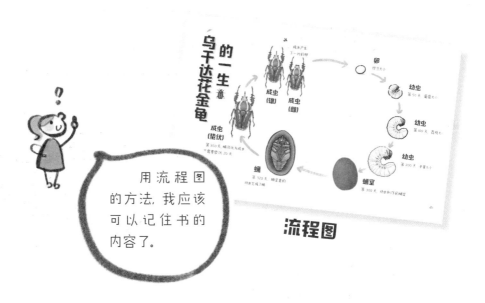

用流程图的方法，我应该可以记住书的内容了。

流程图

现在，我们也要用流程图来梳理法布尔的《昆虫记》的内容，一起去研究石蜂和蜂虻（méng）的秘密。

石蜂筑巢

法布尔在他的荒石园里，发现了一种会把巢建在石头上的昆虫。这种昆虫长得和蜜蜂很相似，但它们可不是蜜蜂，而是"石蜂"。

法布尔写道:

收集

"在卵石上建窝的石蜂完全称得上是辛勤劳动的工作者。整个 5 月，我们都会看到它们几支黑压压的队伍，在骄阳下，用牙齿挖掘附近道路上的沙浆。"

石蜂用唾液将刮下来的沙土搅拌成灰浆，然后经过长途跋涉回到选好的卵石上，按照严格的标准，造起它们的房子。

好重!

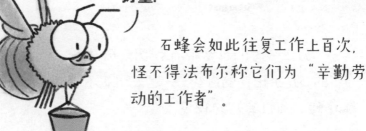

石蜂会如此往复工作上百次，怪不得法布尔称它们为"辛勤劳动的工作者"。

154

造好房子后，石蜂还会采来花蜜和花粉，用它们将房子一点点填满。

蜂蜜

然后石蜂在巢里产下卵，并用泥浆把蜂巢牢牢地封闭起来。

这项工作会持续到它们生命的尽头。

卵

"为了家人的未来，它毫无保留地耗尽了自己的生命。"

抹匀

现在我已经用流程图画好了石蜂筑巢的故事。

一共有 5 张图，我用箭头把它们连在一起，表示事件发生的顺序。

法布尔观察荒石园里的石蜂筑巢。

石蜂挖掘沙土，用唾液拌成沙浆，用于建造蜂巢。

石蜂采集花蜜和花粉，填满蜂巢，作为幼虫的食物。

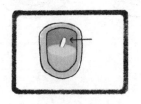

石蜂在蜂巢里产卵。

原来石蜂是这样筑巢的！

石蜂用泥浆封闭蜂巢。

石蜂的天敌——蜂虻

石蜂的故事到这里还没有结束。

虽然石蜂母亲为石蜂宝宝造了坚固的房子，准备了丰富的食物，但这并不意味着石蜂宝宝可以无忧无虑地长大。

安全啦!

嘿嘿嘿!

石蜂还要警惕无穷无尽的危险，特别是那些"入室抢劫的强盗"。

某一年的 7 月，法布尔在石蜂的巢里发现了一个奇怪的现象：这个蜂巢里，有些石蜂宝宝已经干枯了，旁边竟然还有从未见过的幼虫，圆滚滚、肉嘟嘟的。

原来，它就是石蜂恐惧的"强盗"——**蜂虻**。

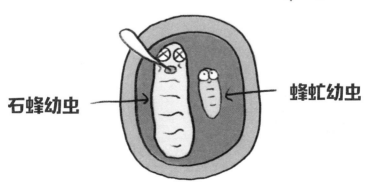

石蜂幼虫   **蜂虻幼虫**

蜂虻是蜂吗？

　　如果你见过蜂虻的成虫，就会发现它和蜂类不同，它的翅膀不是两对的，而是只有一对。这说明，蜂虻不是蜂，而是一种蝇。

　　翅膀的类型是昆虫分类中非常重要的特征之一。

原来是披着"蜂"皮的蝇呀!

蜂虻　　　　　**蜂**

　　经过仔细观察，法布尔发现，蜂虻的幼虫没有足，像一条满是脂肪的腊肠。

蜂虻幼虫

　　法布尔记录道："它看上去没有任何行走工具，甚至最原始的都没有。"

　　法布尔认为："它是绝对无法移动的。"

往前——
往前——

石蜂巢

够不着……

石蜂巢

那么，问题出现了：不会自己移动的蜂虻幼虫，该怎么进入石蜂的巢里呢？

怎么回事？

为了解答蜂虻幼虫是怎么进入石蜂巢里的疑惑，法布尔提出了几个可能的猜测。

是蜂虻妈妈直接把卵产在了石蜂的巢里吗？

蜂虻妈妈

卵

经过观察，法布尔否定了自己的这个想法。

因为，他发现蜂虻是一种很虚弱的昆虫，没有任何可以进犯石蜂坚固堡垒的武器。面对石蜂妈妈造起的"铜墙铁壁"，蜂虻只可能把卵产在巢的外边。

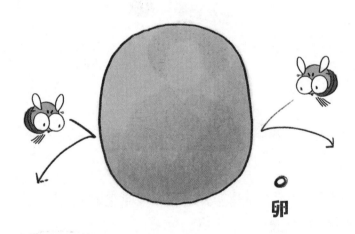

卵

那么，是蜂虻宝宝自己爬到巢里的吗？可是，法布尔已经观察到，蜂虻宝宝并不适合移动，绝对无法完成"入室抢劫"的任务。

还是够不着……

法布尔的两个假设都不能成立，蜂虻是如何进入石蜂巢里的这个问题困扰了法布尔 20 多年。

但是法布尔并没有放弃，他决定亲自去石蜂的巢里一探究竟。炎炎烈日下，他守着一个石蜂巢，监视了好几个小时，企图找到一只正在产卵的蜂虻妈妈。

然而，费了好一番工夫，他并没有找到正在产卵的蜂虻。但他忽然灵光一现：为什么我不把蜂巢收集起来，做一番长期的观察呢？

于是，法布尔拜托一些年轻的牧民，找来了好几箩筐的蜂巢。

他把这些蜂巢放在他的工作桌上，逐一检查。

"我将石蜂从蜂巢里取出，放在外边观察，或者打开茧就在蜂巢里查看。"

然而好长时间都没有新的发现，就在法布尔灰心丧气时，他忽然注意到有东西在石蜂的幼虫上移动。

"啊，这不是幻觉，也不算绒毛，的的确确是一只小虫。"

走来

走去

这类只有一根头发粗细的1毫米长的小虫子非常好动。这也是蜂蚝的幼虫吗？难道说，蜂蚝的幼虫有两种形态？

这真是一个了不起的发现，法布尔为了确认自己的这个猜测，决定耐心等待这只小虫的变化。

结果，在15天后，他发现这只蠕虫真的变成了他曾在石蜂巢里看到的那种肉嘟嘟的小虫。

法布尔发现了蜂蚝的惊天大秘密。原来，蜂蚝的幼虫有两种不同的形态。

15 DAYs

形态1

形态2

第一个形态就是他后来观察到的，像毛毛虫那样运动的小虫子，它能够在石蜂城堡的表面寻找裂缝，伺机溜进去。

第二种形态的幼虫，脱下了旅行的外衣，变成了臃肿的样子，专门负责进食。

它的食物就是可怜的石蜂幼虫。

它唯一的职责就是纹丝不动，长胖长大。

现在我们读完了法布尔写的蜂蚜故事。经过不懈的观察，法布尔终于发现了蜂蚜的秘密。

接下来，我在调查笔记本上，用流程图记录了法布尔观察石蜂与蜂虻的过程。

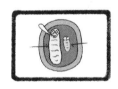 **法布尔在石蜂巢里发现了蜂虻的幼虫。**

↓

 **法布尔想知道不能移动的蜂虻幼虫是如何进入蜂巢内的。**

↓

 **法布尔排除了蜂虻妈妈进入蜂巢产卵等原因。**

↓

 **通过反复观察，法布尔在石蜂的幼虫上发现了一只灵活的小虫。**

↓

 **他认为这只小虫是蜂虻幼虫的第一种形态。**

↓

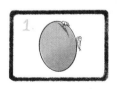 **蜂虻幼虫以第一种形态钻进石蜂巢。**

↓

 **之后变成第二种形态，吃掉石蜂幼虫，慢慢长大。**

笔记完成

法布尔《昆虫记》调查笔记

石蜂筑巢

法布尔观察荒石园里的石蜂筑巢。

石蜂挖掘沙土，用唾液拌成沙浆，用于建造蜂巢。

石蜂采集花蜜和花粉，填满蜂巢。

石蜂在蜂巢里产卵。

石蜂用泥浆封闭蜂巢，蜂巢完工。

将所有的流程图整理在一张纸上，法布尔《昆虫记》的调查笔记就做好了。

石蜂的天敌——蜂虻

法布尔在石蜂巢里发现了蜂虻的幼虫。

法布尔想知道不能移动的蜂虻幼虫是如何进入蜂巢内的。

法布尔排除了蜂虻妈妈进入蜂巢产卵等原因。

通过反复观察，法布尔在石蜂的幼虫上发现了一只灵活的小虫。

他认为这只小虫是蜂虻幼虫的第一种形态。

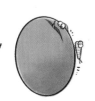

蜂虻幼虫以第一种形态钻进石蜂巢。

之后蜂虻幼虫变成第二种形态，吃掉石蜂幼虫，慢慢长大。

流程图还能做什么？

今天，我们再一次见识了流程图的用途。流程图可以帮助我们读书，并制作阅读笔记。

通过绘制流程图，我们可以提炼出作者藏在书里的故事主线，帮助自己理解书里要传达的内容。

流程图可以用来整理任何一本书，比如大家喜欢的《爱丽丝梦游仙境》，我们可以画出一张流程图，展现爱丽丝的梦幻冒险。

主人公爱丽丝是一名金发的小女孩。

↓

一天，爱丽丝遇见了一只拿着怀表、会说话的兔子。

↓

爱丽丝追着兔子，钻进了一个树洞。

↓

爱丽丝脚下一滑，跌入了奇幻的梦中王国。

又比如《小王子》这本书。

我们可以画出一张流程图，来讲述飞行员和小王子的奇妙相遇。

飞行员的飞机在沙漠里出了故障。

↓

飞行员在沙漠里遇见了小王子。

↓

小王子给飞行员讲述他所在的星球上的故事。

↓

小王子遇到了一只小狐狸，并和它成了朋友。

本次的视觉笔记作业，就是用流程图梳理一本书的内容。你最近在读什么书吗？快来试试用流程图做一次笔记吧！

调查员技能测试

在正式调查之前，先完成下面的测试，证明你已经掌握了流程图进阶技能。

古诗的调查笔记

有很多古诗讲述的是一个完整的故事。比如这首《清明》，你能用流程图把它画出来吗？

**清明时节雨纷纷，路上行人欲断魂。
借问酒家何处有，牧童遥指杏花村。**

正式开始调查

不会写的字可以请爸爸妈妈帮忙。

你可以在下面的空白区域完成你的调查笔记，如果空白不够大，也可以画在另外一张纸上。

调查对象：_____

调查员姓名：_____ 调查日期：_____

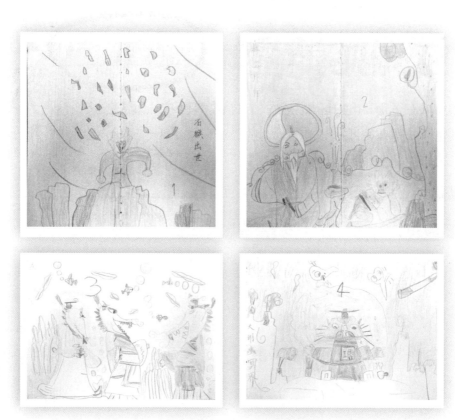

《西游记》 胡一禅 6 岁半

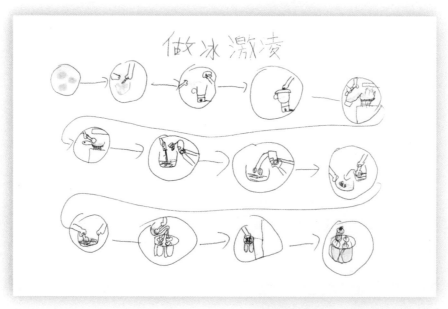

做冰激凌

《做冰激凌》 夏子怡 8 岁

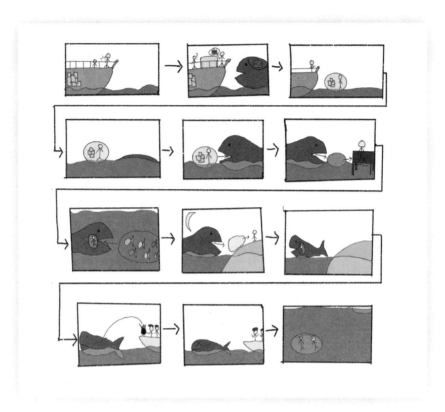

《鲸歌》 晏梓清 **9 岁**

《我和我的马》 (*Mein Pferd und Ich*) **杨金妮** (Hanah Nosty) **6 岁半**

8 恐龙大灭绝 调查笔记

随着调查将近尾声，任务也越来越重大。这一次，我要去调查一个无人知晓答案的世界谜题，那就是——白垩（è）纪末大灭绝，也就是俗称的恐龙大灭绝！

看起来如此巨大威武的恐龙，为什么会从地球上消失呢？

恐龙究竟是如何从称霸地球走向灭绝之路的呢？

为了解答这个问题，我决定做一番调查，并做一张调查笔记，解释这次大灭绝的原因。

鸭嘴龙尖

不过，在调查之前，我要先搞清楚一个问题——

什么是恐龙呢？

故事要从这里开始……

吉迪恩·曼特尔

200 年前，一位名叫吉迪恩·曼特尔的英国医生发现了恐龙化石。

这些大到惊人的史前生物，看起来非常像现在的爬行动物，所以当时的人们给它们起了"恐龙"（Dinosaur）这个名字，意思就是"恐怖的蜥蜴"。

但实际上，越来越多的科学证据表明，现代的鸟类才是恐龙真正的后代，现代爬行动物与恐龙的关系，要比鸟类与恐龙的关系远得多。

原来鸟类才是恐龙的后裔（yì）！

大部分恐龙在 6600 万年前就灭绝了，但是在灭绝之前，它们曾经称霸地球 1.6 亿年。到目前为止，人类才在地球上生活了 200 万年，和生活了 1.6 亿年的恐龙比起来，还真是小巫见大巫。

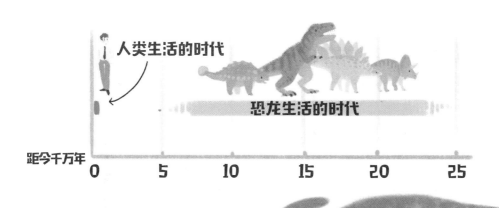

恐龙生活的时代

最早的恐龙出现于距今 2.3 亿年的三叠纪晚期。它们在那个时代的大灭绝后脱颖而出，成为后来 1.6 亿年中地球的大主宰。

恐龙跨越了三叠纪、侏罗纪和白垩纪三个地质时代。那时地球上的景观和我们现在见到的完全不同。

那时的地球更加温暖，动植物也和现在很不一样。在白垩纪以前，开花植物还未出现，蕨类植物和苔藓覆盖了大地，食草动物们以针叶树、蕨类植物和苏铁为食。食肉动物则捕食巨大的食草动物。

那么，为什么会
出现恐龙大灭绝呢？
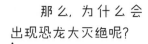

关于这次大灭绝的原因，至今仍然是一个未解之谜。

在翻阅了大量的资料后，我发现，甚至连科学家们都对此争论不休，他们提出了各种各样的假说，有30多种呢。

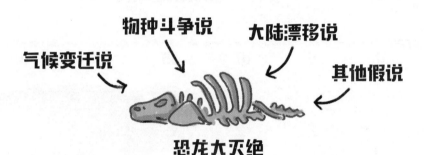

气候变迁说　物种斗争说　大陆漂移说　其他假说

恐龙大灭绝

在这些假说里，最受大家认可的一种假说是"小行星撞击地球"。

这种假说认为，在6600万年前，一颗来自外太空的小行星意外撞上了地球，才导致了这次大灭绝。

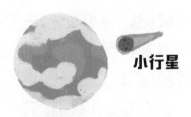

小行星

地球

让我想想
怎么解决呢……

不过，我还没想明白，为什么小行星撞击地球会导致大灭绝事件呢？这个问题还真有点复杂。

对了，在第五章我们曾学习过因果图，因果图可以用来展现一个事件是如何发生的，有哪些原因导致了这件事情的发生。这用来展现大灭绝的因果关系再适合不过啦。

在海岛调查中，我们用这张图展现了生物来到海岛上的原因。

我决定展开调查，并画一张因果图，来解释大灭绝事件背后的原因。

科学家推测，在 6600 万年前的某一天……

一颗小行星被地球的引力吸引，最后竟然一头扎到了地球的身上。

这场意外"车祸"，对地球来说，可能就像头上撞了个包。

但对地球上的生物来说，却是一场足以致命的大灾难。

这么大的小行星撞到地球上，肯定会引发超级大地震。

小行星撞击引起的地震波，一下子传遍了全球，在整个地球范围内引发了大地震，余震持续数月。

这么强烈的地震，恐龙就算没有被大树压死，也被震成了脑震荡。

与此同时，地震还会引发海啸，形成高达 150 米的巨浪。

这场突如其来的大洪水，席卷了几千千米远的内陆。很多恐龙就在海啸中丧生了。

被冲走啦!

大地震还会引起火山爆发。

滚烫的岩浆所到之处，一切都化为灰烬，更别提那些束手无策的恐龙了。

是岩浆!

就算有恐龙在大地震和海啸中幸存下来，周围的环境也已面目全非，恐龙该到哪里寻找食物和家园呢？

这听起来真是一场可怕的灾难

然而，最为致命的是小行星撞击地球，导致全球气候异常。

6600 万年前，恐龙生活的白垩纪时期，地球的生态环境可和现在完全不一样。因为气候温暖湿润，那时的植物都长得特别高大。这些高大的植物，为当时的巨无霸恐龙提供了充足的食物。

当时的恐龙有多大呢？举例来说，当时最大的恐龙之一阿拉莫龙，有 70 吨重、30 米长。为了维持自己庞大的身躯，它们一天就要吃掉超多的树叶。

这么多树叶啊!

恐龙中的巨无霸——阿拉莫龙

阿拉莫龙是最晚出现的一种恐龙，也是恐龙时代湮灭的见证者之一。

阿拉莫龙生活于 7000 万至 6600 万年前，与它同时生活的还有大名鼎鼎的三角龙、霸王龙等。但在阿拉莫龙面前，这些恐龙变得像蝼蚁一样渺小。

阿拉莫龙最有特点的地方之一便是它长长的脖子，为什么它有那么长的脖子呢？其实长脖子是方便阿拉莫龙能吃到高处的树叶，脖子越长，能够到的树叶就越多，这和长颈鹿的脖子有着异曲同工之妙。

小行星给这些大胃王带来了巨大的灾难。

这场撞击事件产生了大量的尘埃，这些尘埃挡住了地球上的阳光，使地球的温度不断降低，同时也使植物无法进行光合作用而不断死去。

温度降低

植物死亡

巨大的环境变化让地球上植物的数量锐减。依靠植物生存的食草恐龙们只能活活饿死。

而那些以食草恐龙为生的食肉恐龙，失去了食物来源，也饿着肚子死去了。

这场大毁灭，整整持续了100万年，大量的恐龙在这场浩劫中死去。

归根结底，是小行星撞击地球导致了地震、海啸、火山爆发和气候异常。

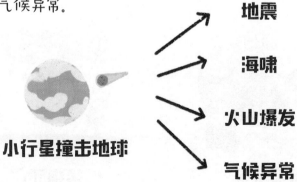

而这些共同酿成了大灭绝的悲剧。

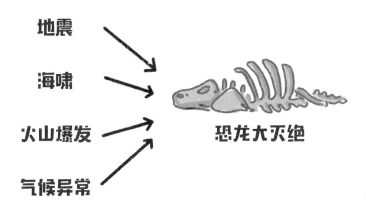

地震

海啸

火山爆发

气候异常

恐龙大灭绝

不过，幸运的是，这场大灾难却给哺乳动物带来了机遇。在恐龙时代只能偷偷摸摸活动的哺乳动物，因为恐龙霸主消失，从此繁盛，并在后来演化出了我们人类。

恐龙大灭绝

哺乳动物繁盛

人类

也就是说，假如没有这场小行星撞击地球的灾难，我们人类还不一定能够出现，没准儿恐龙到现在还是地球上的霸主呢。

笔记完成

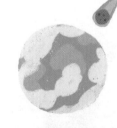

小行星撞击地球

地震

海啸

火山爆发

气候异常

将调查这次大灭绝的原因整理在一张图上，用箭头表示因果关系，恐龙大灭绝调查笔记就完成了。

恐龙大灭绝
Dinosaur 调查笔记

6600 万年前，一颗小行星撞击地球，引发了地震、海啸、火山爆发，以及全球气候异常，这些共同导致了白垩纪末的恐龙大灭绝。

这次大灭绝也是哺乳动物繁盛的原因。

恐龙大灭绝　　　**哺乳动物繁盛**

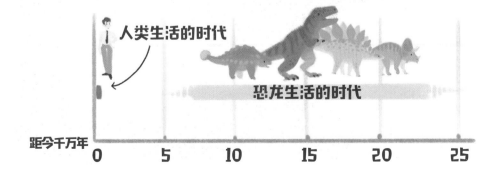

人类生活的时代

恐龙生活的时代

距今千万年　0　　5　　10　　15　　20　　25

因果图还能做什么？

在展示大灭绝的因果图中，不同的原因导致了一个事件的发生，而这个事件又可能导致一系列后果。这种表示事件因果的图，叫作"因果图"。

我们可以用因果图来整理很多事件。

比如，我们可以用因果图分析日食发生的原因：

日食

1. 月亮、地球、太阳运转到了一条直线上。

2. 月亮挡住了阳光，月亮的阴影投射到地球表面。

3. 人们在月亮的阴影区域观察太阳。

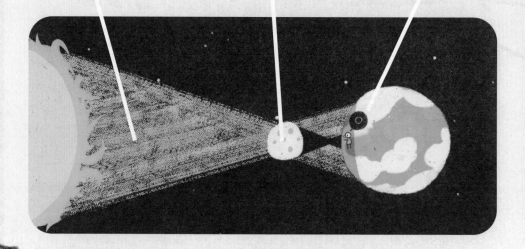

那么日食导致了什么后果呢？

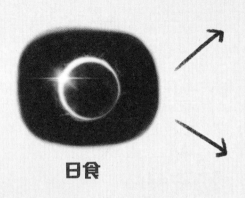

日食

1. 如果是古代，人们可能会认为是天狗吃掉了太阳。

2. 在当代，日全食有重要的天文观测意义，天文学家可以借机观测平时难以观测到的日冕。

我们还可以用因果图分析土地荒漠化的成因：

2. 过度开拓荒地。

3. 不顾环境承载力，过度放牧。

1. 大量砍伐树木。

土地荒漠化

在多种因素的作用下，土地迅速退化，肥沃的土地变成了沙漠，这就是土地的荒漠化。

土地荒漠化的后果是：

土地荒漠化

1. 粮食产量下降。　　3. 牧场减少。

2. 水源枯竭。　　4. 人类被迫迁移至其他地区。

这是很可怕的后果，那么我们能否阻止土地的荒漠化呢？如果我们抑制了荒漠化形成的原因，那么荒漠化就可能会停止了。比如：

1. 减少采伐，栽培防风固沙的植物。

2. 减少人类对环境的干扰。

3. 控制放牧。

如果你对身边的某些事件为什么会发生、会导致什么后果感到好奇的话，不妨用今天学到的因果图去调查吧。

期待你的作品哦。

调查员技能测试

在正式调查之前，先完成下面的测试，证明你已经掌握了因果图进阶技能。

下雨的调查笔记

调查员想调查下雨这个事件，找到了一些和下雨有关的词语。请你用因果图的方法，告诉调查员哪些词语是原因，哪些词语是结果。

充足的水汽　　　　气温降低

洪水暴发　　　有较多的凝结核

气流上升　　　干旱得到缓解

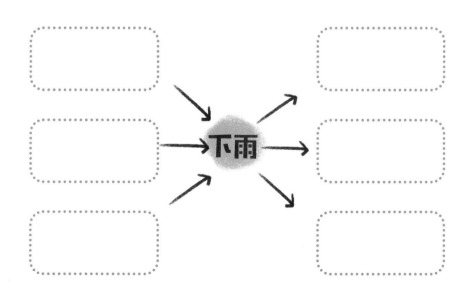

正式开始调查

不会写的字可以请爸爸妈妈帮忙。

你可以在下面的空白区域完成你的调查笔记，如果空白不够大，也可以画在另外一张纸上。

调查对象：_____

调查员姓名：_____ 调查日期：_____

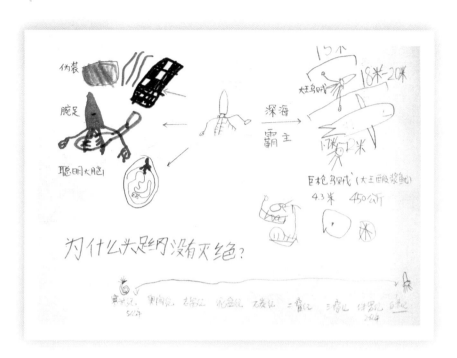

《为什么头足纲没有灭绝？》 杨名远 7岁

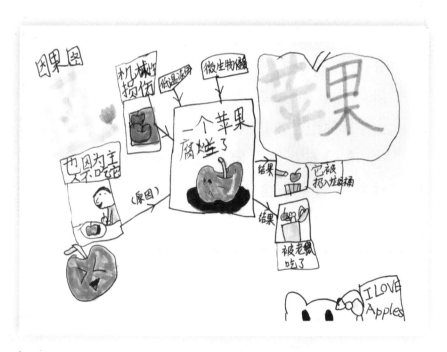

《因果图——一个苹果腐烂了》 周昊 8岁

9 微缩世界
调查笔记

今天我收到了一名小朋友的信，信里这样写道：

> "可莱老师，我最喜欢去池塘边玩了。池塘里有很多小鱼、小虾，还有各种植物。我真希望，我能每天去池塘边玩，可惜池塘离我家太远了……我想知道，有没有办法在家里建造一个小池塘？这样我每天都会很开心。"

这可有点难办啊，池塘里的生物有着复杂的关系，如果不能以正确的方式把它们安排在一起，生机勃勃的池塘就会变成一潭死水。

如果要建造一个池塘的微缩世界，我必须正确地把握池塘生物之间的关系，我该怎么办呢？

对了，还记得我们之前制作过的北极生物关系图吗？

如果我能制作一个池塘生物的关系图，不就知道该如何制作微缩世界了吗？

我打算从绘制鱼缸生物的关系图开始。

首先,水中充满许多浮游生物,这些浮游生物会被小鱼吃掉。

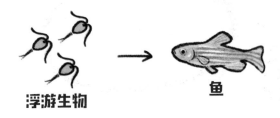

小鱼的粪便为小虾提供了食物。

小虾吃掉小鱼的粪便,粪便被分解成更小的颗粒,成为水草的肥料。

水草吸收阳光,产生氧气,又供小鱼、小虾生存。

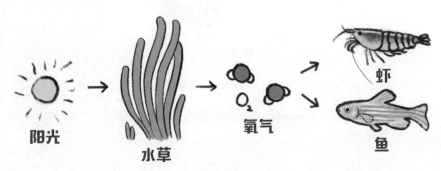

这就是鱼缸中最简单的关系图。

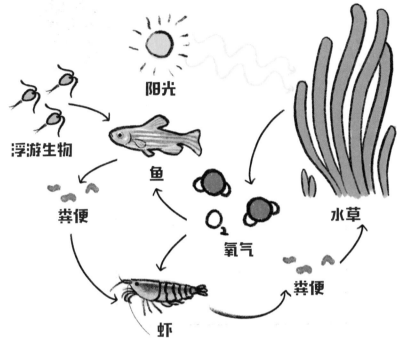

知道了池塘生物之间的关系，我还要在室内还原一个模仿池塘的环境。

思考一下，创建一个微缩世界需要准备什么。

鱼缸

我得给池塘里的水准备一个容器，一个鱼缸会是不错的选择。

室内缺少阳光，那就用一盏灯来代替太阳吧。

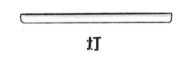

灯

细沙

池塘底部的淤泥，我用这些细沙代替。

准备工作到此结束，现在我信心满满，只要把这些东西组合起来，一个池塘的微缩世界就做好啦。

先在缸中加入适量的水，然后将沙子铺满缸底，我还添加了一些取自野外池塘的水，这样自然中的浮游生物就加入了微缩世界。

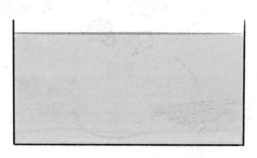

池塘环境准备好了，接下来我把水草种进去，增加水中氧气的含量。

我选了两种水草放入微缩世界，一种是苦草，这种植物的叶片又细又长，就像丝带一样；还有一种叫矮珍珠，它不仅叶子小巧，而且贴着地面生长。

我们把水草一棵一棵种在缸底的沙子中，动作要轻柔哦。

苦草

矮珍珠

有了植物和氧气，接下来就可以放入小鱼啦。

可是放入什么鱼比较好呢？

我认为斑马鱼是最好的选择：它体形小巧，以水中的浮游生物为食，也不像金鱼那样喜欢吃水草。不错，就它了！

除了小鱼，我还加入了一种常见的小虾——黑壳虾。

黑壳虾堪称缸中"清道夫"。

黑壳虾没有大大的钳子，看起来人畜无害，还能及时吃掉鱼缸中的食物残渣和鱼儿的粪便。

这样，我们利用关系图建立的鱼缸微缩世界就基本成形啦。

本以为微缩世界可以像我设想的那样维持下去，但小鱼缸很快就遭遇了"危机"。

开始，一切都很正常，苦草在灯光照射下冒出气泡，斑马鱼快乐地来回觅食，小虾忙碌着清理食物残渣和鱼儿的粪便。

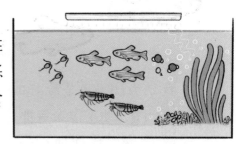

可是没过几天，鱼缸突然变得浑浊了，水中像漂浮着一团浓雾，小鱼看起来也很不健康。

这是怎么回事呢？

是水被污染了吗？是鱼缸里的生物生病了吗？还是说微缩世界的计划根本就不可能实现呢？

不行，不可以轻易放弃！我要再次检查，看看问题出在哪里。

我仔细观察这个鱼缸内的微缩世界，发现和最初相比没有太大的变化，只是水草变长了些，水底还沉积了好多小鱼和小虾的粪便……咦？

对了，会不会就是这些积累的粪便污染了水呢？

粪便为什么会造成水污染呢？如果真是粪便造成的，我要怎么解决这个问题呢？我想天然的池塘里一定存在解决的办法。

通过进一步调查，我发现，时间一长，沉积的**粪便**颗粒容易在水中悬浮起来，导致水变浑浊。

另外，粪便还会使细菌过量繁殖，分解粪便产生大量**有害物质**，污染水质，影响小鱼和小虾的健康。

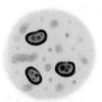

粪便悬浮　　　　　　　　　　**细菌繁殖**

为了解决这个问题，我想了个办法：

捞出了一些鱼虾，减少粪便的产生；

给水箱增加了一个过滤器，将产生的悬浮物过滤掉。

但是粪便分解产生的有害物质该怎么办呢？

通过询问一些养鱼的朋友，我得知池塘中原来还生活着一类硝（xiāo）化细菌。

硝化细菌

别看硝化细菌个头小，却能在微缩世界发挥重要作用。它们平时躲在沙子里，可以把水中的氨等有害物质转变为植物需要的营养。

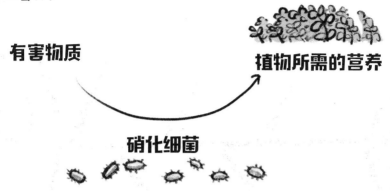

硝化细菌是一种好氧生物，比起不流动的死水，流动的水能够让硝化细菌生长得更好。

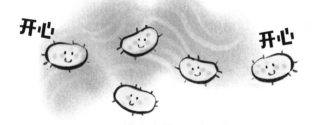

为了解决这个问题，我向鱼缸中添加了硝化细菌，并且过滤器也能让死水流动起来。

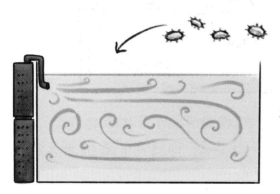

微生物虽然很小，但也能影响到整体的环境。

我用一张 "鱼骨图" 总结了这次 "危机"：

大量鱼虾产生过量粪便。

粪便未能及时清除，产生悬浮物。

细菌分解粪便产生有害物质。

为什么水被污染了？

硝化细菌数量少，不能及时降解有害物质。

鱼缸里是死水，不适合好氧的硝化细菌生长。

因为长得像鱼骨，所以叫鱼骨图。

几天之后，鱼缸中的水果然重新变得透明。

经过一个月的照料，微观世界的水草越来越茂盛，鱼虾也很健康。就在我认为一切正常，即将宣布微缩世界大功告成时，新的问题又出现了……

糟糕啦!

这段时间内，原本透明的缸壁上慢慢出现了许多绿色的薄膜，这些薄膜蔓延生长，让缸壁变得越来越模糊。

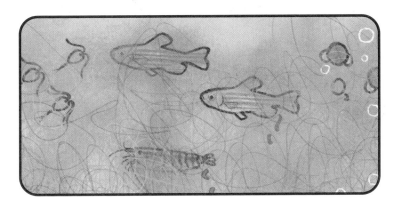

水中也出现了一些丝状绿毛，几乎快看不清里面的小生物了。这次又是哪里出现问题了呢？

既然上次的"危机"我能用鱼骨图解决，这次的"危机"也难不倒我。

经过查阅资料，我发现这些绿色东西其实是水中的藻类。

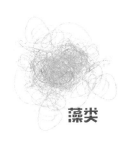

藻类

或许了解一下它和池塘中其他生物有着怎样的关系，可以给我一些灵感。

虽然这些藻类不会伤害水中生物，可是它们一层一层地生长在缸壁上，实在影响美观，怎样可以去除这些藻类呢？

藻类和其他植物一样，以阳光为能量，能够产生氧气，并且吸收水中的生物粪便，产生肥料。它在自然界有天敌，是水生的螺类。

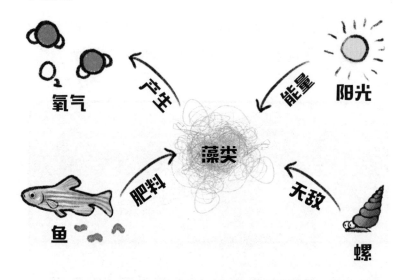

哪些关系可以用来控制藻类的数量呢？

想来想去，在藻类关系图中，我觉得有两个可以用来控制藻类的数量：一个是阳光，另一个就是天敌了。

阳光　　　　　天敌

于是，我制作了一个解决问题的鱼骨图。

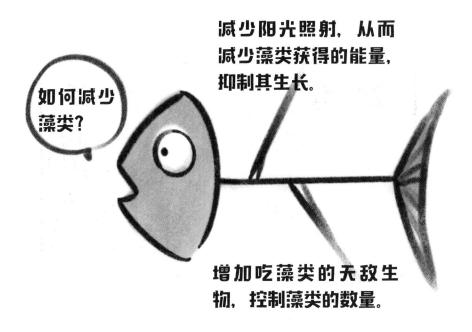

根据这个思路，我设计了这样的解决方案：
首先，向缸中引入一些螺，螺以藻类为食，但又不会伤害水草。

然后，放入一些槐叶萍，槐叶萍漂在水面上，既可以阻挡一部分阳光，又能争夺藻类的肥料。

这样，藻的数量就越来越少。
物种间相互依存、相互制约，缸内的环境问题也就得到了解决。

又过了一个月，现在的微缩世界健康美丽，小鱼小虾愉快地游戏，水草慢慢生长，藻类的数量也控制在合适的范围内。

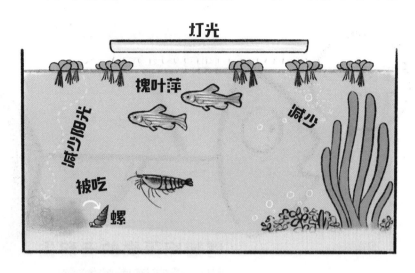

微缩世界的计划成功!

在我的帮助下，小朋友在家里放置了一个池塘的微缩世界，每天都能观察池塘的变化。

什么是生态系统？

像鱼缸这样的微缩世界，其实就构成了一个生态系统。

生态系统是指在一定的空间内，生物与环境构成的统一整体。在这个统一的整体里，生物与环境之间相互影响、相互制约，并在一定时期内能够维持稳定。

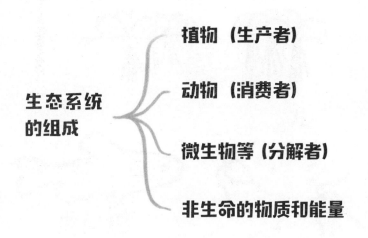

生态系统
的组成

植物（生产者）

动物（消费者）

微生物等（分解者）

非生命的物质和能量

生态系统的范围可大可小。大到整个地球范围，我们把地球上的所有生命与它们所处的环境叫作"生物圈"；小到一片池塘、一块农田，甚至一个鱼缸，都可以成为生态系统。

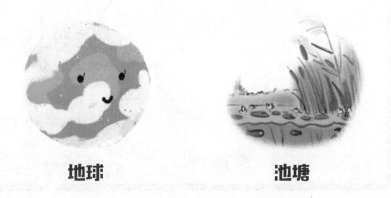

地球　　　　　　　池塘

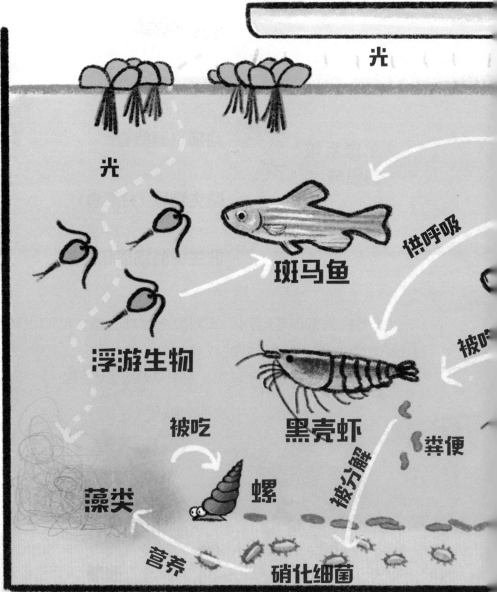

光

光

浮游生物

斑马鱼

供呼吸

被吃

黑壳虾

粪便

藻类

被吃

螺

被分解

营养

硝化细菌

构建微缩世界，平衡是多么重要啊。关系网中的任何一环出现问题，鱼缸中的小小世界就会失去平衡，缸中的环境也会跟着变得很差。

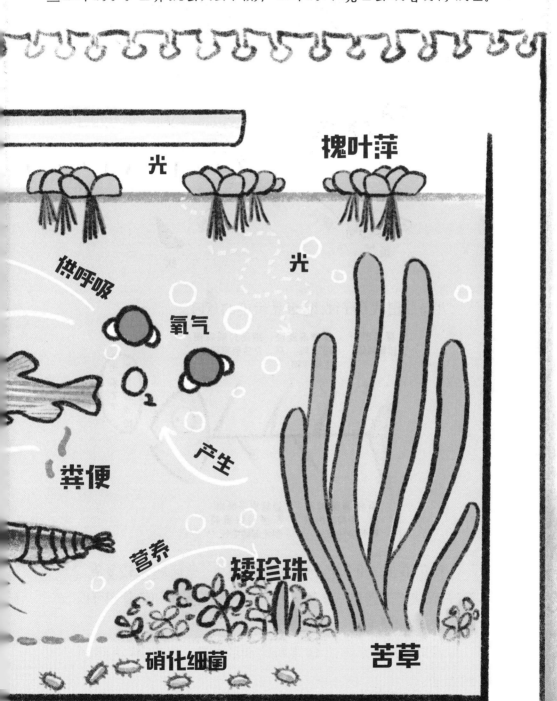

光

槐叶萍

光

供呼吸

氧气

O_2

粪便

产生

营养

矮珍珠

硝化细菌

苦草

关系图和鱼骨图

在这次的调查中，我除了制作淡水生态系统的关系图，还用关系图整理了藻类和其他事物之间的关系。

用鱼骨图找到了微缩世界污染的原因。

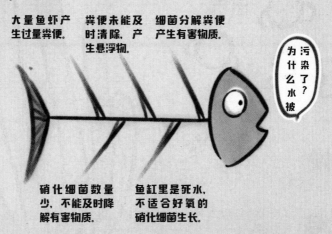

我们在生活中会遇到很多问题，其中一些问题比较复杂，不好解决。当遇到一个复杂的问题时，关系图和鱼骨图可以成为我们的帮手。

你可以用关系图梳理事物之间的关系，找到解决问题的办法。

鱼骨图能帮你找到问题产生的原因，它实际上就是第 5 章我们学过的因果图的一种变形。

制作鱼骨图，首先要在"鱼头"的位置写上你的问题。

然后在鱼骨上画出"鱼刺"，每一根鱼刺代表了一个可能导致问题形成的原因。

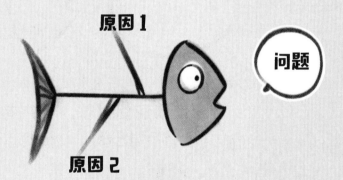

这样一来，一个复杂的问题就被清晰地展现在你的面前，你可以分别去解决每一根"鱼刺"。

把一个大问题变成
很多个小问题。

像这样找问题原因的鱼骨图，我们可以叫它"原因型鱼骨图"。在解决问题时，也可以绘制"对策型鱼骨图"。绘制对策型鱼骨图时，你可以把鱼头的朝向翻转过来，在鱼头的位置写上你要达成的目标。

原因型鱼骨图　　　　　　　　　　　　**对策型鱼骨图**

我们来试试用鱼骨图解决问题，比如：

如何减少海洋中的塑料垃圾？

你可以把你想到的解决办法写在鱼刺上，比如：

用环保材料代替塑料　　**生产可以降解的塑料**

如何减少海洋中的塑料垃圾？

减少塑料使用

这样一来，你可以采取鱼刺上罗列的办法，去解决一个困难的问题。

你有没有想要解决，但是不知道怎么办的问题？

不要害怕，试着用鱼骨图去解决它吧。

调查员技能测试

在正式调查之前，先完成下面的测试，证明你已经掌握了生态系统的知识。

生态系统的调查笔记

调查员写出了不少生物的名字，请你把同一系列的生物放到一起。（这一步的结果可以直接用在正式调查中。）

海洋生态系统

草原生态系统

雨林生态系统

蓝鲸

马来貘

章鱼

企鹅

长臂猿

大白鲨

犀牛

长颈鹿

树蛙

狮子

蝴蝶

斑马

正式开始调查

不会写的字可以请爸爸妈妈帮忙。

你可以在下面的空白区域完成你的生态系统关系图，如果空白不够大，也可以画在另外一张纸上。

调查对象：＿＿＿＿＿＿＿＿＿＿＿＿＿＿＿＿＿＿＿＿

调查员姓名：＿＿＿＿＿＿＿＿ 调查日期：＿＿＿＿＿＿＿

《老家门外的食物网》 陈思羽 12岁

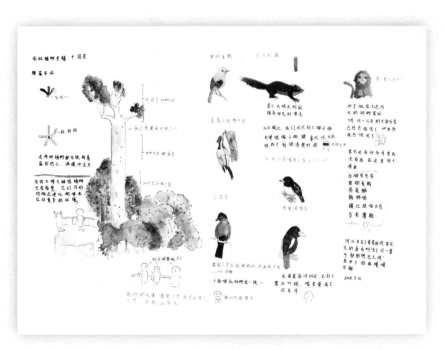

《婆罗洲之旅》 曾钰桐 16岁

10 幻想生物
调查笔记

在最后一次的自然调查中，我接到了最特殊的一个任务——来自小说家的调查委托。

我正在创作一部幻想小说，故事的主人公是一名神奇生物猎人，他要在荒漠里寻找一种名叫"隐身龙"的神奇生物。这种生物有着光彩夺目的颜色，还具备一种神奇的能力，就是能够在一瞬间从你的眼前消失不见。

我想象不出来这个生物长什么样子，你能够帮我解决这个难题吗？

为了完成小说家的这个任务，我决定用我们在第4章中调查企鹅时运用的档案图法，来制作一个幻想生物档案图。

我想，我需要先来整理一下所有需要进行设定的地方，这时候，我可以用第 6 章学过的树图。

我需要完成哪些设定呢？首先，我要设定一下隐身龙的基本情况。

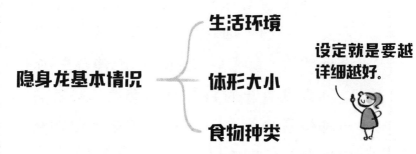

隐身龙基本情况
- 生活环境
- 体形大小
- 食物种类

设定就是要越详细越好。

根据小说的剧情，我知道隐身龙生活在荒漠里。

它的食性，是植食性还是肉食性的呢？我打算设定为一只肉食性的龙。

那么它的体形会有多大呢？我想它应该是一只体形不算大的中型龙，大约半米高。

220

接下来要进一步设定隐身龙的结构了，我列了许多我好奇的问题：

为了解答隐身这个问题，我去做了一番自然调查，看看自然界里有哪些生物能够隐身。经过调查，我发现确实有一些生物能够让自己消失不见。

一类生物，比如海洋中的鳗鲡幼鱼和水母，它们全身基本透明，在大海里就像隐身了一样。

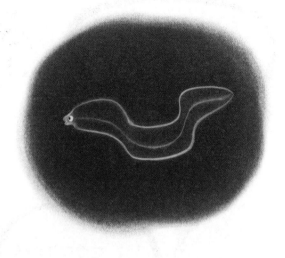

太不容易发现了!

但是，海洋中的透明生物能够隐身，是因为它们的身体基本由水组成，而生活在荒漠里的隐身龙肯定做不到这一点。

另一类具备隐身能力的动物就是拟态生物。

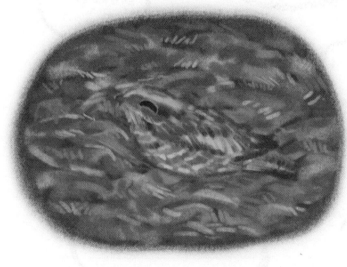

这里有一只夜鹰，它几乎和周围的环境融为一体，你能够发现它吗?

现在可以看清夜鹰的样子了吧。

这一类生物通过模仿环境的颜色和样子，使自己与环境融为一体。

假如隐身龙也像夜鹰那样，是通过模拟环境来隐身的，听上去像是一个合理的解释。

那荒漠中有什么东西适合模仿呢？我想到荒漠里有很多灌木丛。

有了，我想到了。这就是隐身龙的秘密！

隐身龙的尾巴可以模仿灌木丛的树枝，当它需要隐蔽自己的时候，就能够用大尾巴罩住自己身体，假装成一丛灌木隐藏起来。

尾巴

就像穿了"吉利服"那样，实现了隐身的功能。

动物们的"隐身术"

竹节虫

枯叶蝶

我们把像隐身龙、夜鹰这样模仿环境的行为叫作"拟态"。自然界里有很多动物都有拟态的技能，这是它们的"隐身术"。

比如，有一类昆虫叫竹节虫，它看起来像一根树枝，还能随着环境的变化改变体色，从嫩枝变为老枝，不仔细观察还真的很难发现它。

还有模仿枯叶的枯叶蝶、模仿绿叶的拟叶螽（zhōng）、模仿海藻的叶海龙……你还能想到哪些隐身高手呢？

解决了隐身这个最重要的问题后，我就可以来完善隐身龙的其他设定啦。

隐身龙身体结构

四肢或翅膀

牙齿

角或鳞片

斑点或花纹

感觉器官

它有没有角呢？

我给它画了一对瞪羚那样的大角，为了在求偶时能与同性打斗竞争。

那它会有什么样的感觉器官呢？

为了寻找猎物，我想它一定有着格外敏锐的眼睛和听力极佳的耳朵，加上一个灵敏的鼻子。

它有什么样的牙齿呢？因为隐身龙是一种食肉动物，所以它应该有着尖锐的牙齿，就像鳄鱼那样的尖牙，可以协助它捕猎小型动物。

因为要捕猎，所以它肯定会快速地奔跑，那就给它增加鸵鸟一样的长腿吧。

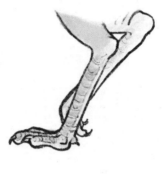

再给它增加鸟一样的翅膀，在遇到危险的时候，可以第一时间飞走，躲避天敌。

最后的问题，它的身上会有怎样的花纹和装饰结构呢？

我想为隐身龙增加老虎一样的花纹。

它还有色彩鲜艳的头冠，用来在求偶时吸引异性。尾巴上也覆盖着鲜艳的毛。

不用担心它太过显眼，在隐身模式时，鲜艳的毛会反过来朝内，从外面看不见。

笔记完成

冠
颜色鲜艳

翅膀
在危急时可以起飞，
逃离危险

角
用来和同类打斗

眼睛
敏锐的视力

牙齿
尖锐的牙齿
适合捕捉猎物

斑纹
老虎一样的花纹

腿
腿长而有力，
能够高速奔跑

尾巴
尾巴上面的毛鲜艳多彩，而下面的
毛酷似植物的叶子，能够罩住身体，
把自己伪装成灌木丛。

生活在荒漠中的幻想生物——隐身龙设定完成啦！小说家表示这个设定太有趣了，一定能写出一部有趣的小说。

我的幻想生物——隐身龙设定图

隐身龙是一种生活在荒漠里的中型食肉动物。

隐身龙能用尾巴把自己伪装成灌木丛，就像隐身了一样。

从外面看　　　　　　**里面的样子**

隐身龙身高约0.5米。

还可以做什么设定？

除了隐身龙，你还可以用同样的方法做更多好玩的设定，设计属于你的幻想事物，并用档案图给它们做一个全方位的介绍。

在做设定时，你可以通过联想和想象来丰富你的设定。

比如，你要设计一只生活在水里的龙，那么它应该和鱼一样，浑身披满鳞片。

它应该有能够帮助自己游泳的鳍，以及一条可以灵活掌控方向的大尾巴。

将这些设定组合在一起，就是你的幻想生物了。

尾巴

鳞片

鳍

又比如，你要设定一辆可以在地下挖洞前进的"鼹鼠汽车"，它需要有：

← 可以挖洞的钻头

推动汽车前进的轮子 →

 ← 强大的发动机

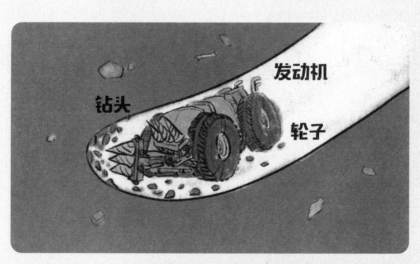

这样，一辆"鼹鼠汽车"就设定好了。

你有怎样的奇思妙想呢？来动手设定一个属于自己的幻想事物吧！

调查员技能测试

在正式调查之前，先完成下面的测试，证明你已经掌握了档案图的进阶技能。

多功能汽车的调查笔记

调查员接到了一些奇怪的委托，需要设计几款功能不同的汽车。请你帮助调查员改造一下下面的汽车。

会飞的汽车

会游泳的汽车

会发射子弹的汽车

会喷撒糖果的汽车

正式开始调查

不会写的字可以请爸爸妈妈帮忙。

你可以在下面的空白区域完成你的调查笔记，如果空白不够大，也可以画在另外一张纸上。

调查对象: _____

调查员姓名: _____ 调查日期: _____

《我的幻想生物——隐身龙》　郝金汐　7岁

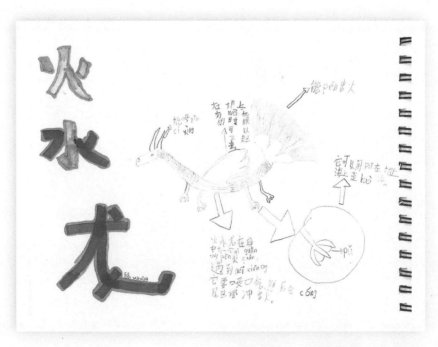

《火水龙》　李聿珈　8岁半

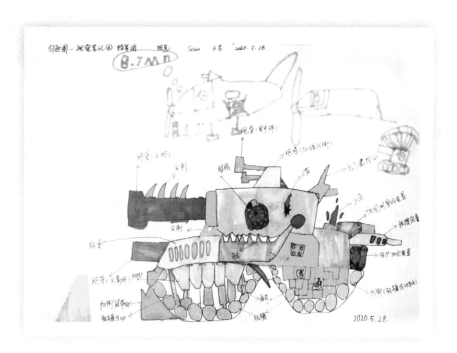

《我的坦克》 王孝安 6岁

《火龙虫》 张皓涵 5岁半

看到这么多自然调查员的作品，你有没有产生新的灵感呢？

经过 10 节视觉笔记课的学习，我们学会了各种各样做调查笔记的方法。下面让我们来一起回顾一下吧。

透视眼

我们在加拉帕戈斯群岛，用透视眼的办法，记录了火山内部的变化。

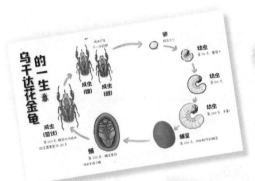

流程图

我们用流程图的方法，记录了乌干达花金龟的一生，看它如何从一颗卵长成一只漂亮的大成虫。

关系图

我们用关系图描绘了北极冰海的食物网，了解了它们如何相互关联、相互依存。我们也用关系图自己动手构建了一个微缩世界。

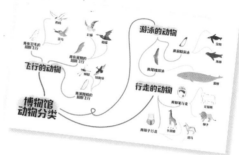

档案图

我们用档案图为企鹅做了身份调查，介绍了企鹅是怎样一种鸟，还运用档案图完成了幻想生物隐身龙的设定。

树图

我们运用树图给博物馆里的动物做了分类，帮助收藏家规划了博物馆的展区。

流程图

我们用流程图一起阅读了法布尔的《昆虫记》，发现了石蜂和蜂虻的秘密。

你可以试着将这些记笔记的方法运用到你的学习或者自然观察中去，来帮助自己分析、理解身边各种各样的事物。

视觉笔记课到此就告一段落啦，但可莱老师的自然调查可不会停止。

我将仍然带着我的调查笔记本，去往世界各地，调查各种各样奇妙的生物和现象。

下次再见喽！

后记

　　这本书的前身是在线视频课程"给孩子的视觉笔记课"。

　　最初我们想做的是一门教授学习方法的课程。我们有一定的线下与线上自然教育经验，知道应该如何引导孩子们在自然中进行一场奇遇，那么把学习方法提炼出来，用在其他领域的学习中，行不行得通呢？

　　回溯我们的课程研发过程与教学经验，印象最深刻也是最有趣的，应该是在笔记和作业里的写写画画。我们就想，能不能把这种思维方法教给孩子们，让他们在面对任何新知识的时候，都能将知识视觉化表达，做出一份合格的帮助自己学习的笔记呢？

　　有了这个方向后，课程研发的路仍旧是漫长的。

　　我们咨询了教育学专业的顾问，也研读了国内外的科学课程标准，最后得出结论，要以多种不同的笔记构图形式，来体现多种不同的跨学科共同概念，每一种笔记的画法，背后都是普世的科学概念。

　　市面上可供参考的同类产品并不多，各类思维导图课算是接近的，但仍然不是我们想要的东西。

　　这时，"视觉笔记"（Visual note taking）这个词进入了我们的视野。它原本是成年人记录与表达抽象概念的一种形式，用于替代传统的会议记录。

　　考虑到它多样化的逻辑形式和极高的自由度，它可能是最接近我们想法的东西了。我们把适合成年人的"视觉笔记"加以改造，用自然调查员李可莱的故事串联起来，变成了适合孩子学习的视觉笔记学习法。

科学知识会随着研究的发展而不断更新，笔记的画法也不止书中提到的这几种，希望本书能对读者们有所启发，让读者们真正拿起笔来写一写、画一画。无论是做每一章后面的"调查员技能测试"，还是干脆拿一张白纸来做新的笔记，只要行动起来，你就一定会发现视觉笔记的无穷乐趣。

本书大纲基本沿用"给孩子的视觉笔记课"视频课程大纲，选题和大纲是由李可莱和李然共同完成的。每章正文内容是由李可莱和林希颖共同完成的。李可莱绘制了书中全部插画内容，林希颖撰写了书中插入的动物小知识，李然撰写了导言"来做视觉笔记吧！"、后记和调查员技能测试。

感谢王策和李俊浩然撰写第 8 章和第 9 章初稿。

感谢赵超老师为本书提供精彩的自然摄影作品。

感谢董路老师和邹帅老师在选题阶段提供的关于课程标准与参考资料的宝贵建议。

感谢参与了制作视频课程工作的同事们：蒋天沐（摄影）、袁畅（视频剪辑）、佟胜男（课程运营）、任天翼（课程运营）。

感谢自然圈的同事们为我们提供了舒适的创作环境。

最后还要感谢"给孩子的视觉笔记课"视频课程的学生与家长们，以及将自己的宝贵作品提供给本书的同学们——陈思羽、陈彦安、豆丁、郭旭泽、郝金汐、胡一禅、李聿珈、梅长洛、彭梓航、瞿若垚、尚科学、尚民主、王笳一、王孝安、王旭尧、吴彦彤、夏子怡、晏梓清、杨金妮（Hanah Nosty）、杨名远、杨旸劭辉、曾钰桐、张皓涵、张书瑞、张翌宸、周昊，你们的反馈与鼓励带给了我们无数次的感动。

2022 年 9 月于北京

发现自然圈

　　自然圈创立于 2016 年 1 月，致力于通过自然教育、生态旅行、生态保护咨询和自然设计，为公众创造极致的自然体验，提高中国家庭从自然中获取价值的水平，用实践推动人与自然和谐共生。团队成员拥有清华、北师大、中科院及海外名校的生物、生态、设计、社区发展等教育背景，于 2019 年获得新东方教育科技集团战略投资。

　　新冠肺炎疫情发生前，自然圈的成员和我国的自然学者一起，带领中国家庭前往包括南北极、亚马孙、加拉帕戈斯、非洲等在内的国际自然旅行目的地，以及国内具有独特资源的自然保护地，让大家观察自然，体验人文，探索博物，感受生命之美，构建不同地域人与自然关系的认知。

　　疫情发生后，除了自然教育和生态旅行业务，自然圈更加致力于协助国内各类保护地、公园和文旅项目构建自然教育和生态旅行服务体系，打造自然中心或自然学校，探索生态文明教育创新模式，同时，构建代表自然生活方式的空间。

自然圈
naturewin.cn

博物学家的自然之旅

图书在版编目（CIP）数据

给孩子的自然博物课：一学就会的视觉笔记 /（美）
李可莱著；李然，林希颖著 . -- 北京：北京联合出版
公司，2022.11（2023.3重印）

ISBN 978-7-5596-6370-2

Ⅰ . ①给… Ⅱ . ①李… ②李… ③林… Ⅲ . ①自然科
学 - 儿童读物 Ⅳ . ① N49

中国版本图书馆 CIP 数据核字 (2022) 第 126978 号

给孩子的自然博物课：一学就会的视觉笔记

作　　者：[美] 李可莱　李　然　林希颖
责任编辑：管　文
装帧设计：彭小朵
封面设计：彭小朵

北京联合出版公司出版
（北京市西城区德外大街 83 号楼 9 层　　100088）
三河市嘉科万达彩色印刷有限公司印刷 新华书店经销
字数 85 千字　700 毫米 × 980 毫米　1/16　15.25 印张
2022 年 11 月第 1 版　2023 年 3 月第 4 次印刷
ISBN 978-7-5596-6370-2
定价：69.80 元